我国住房租赁体系发展研究

上海市房地产科学研究院　著

中国建筑工业出版社

图书在版编目（CIP）数据

我国住房租赁体系发展研究 / 上海市房地产科学研究院著. — 北京：中国建筑工业出版社，2024.6

ISBN 978-7-112-29812-9

Ⅰ.①我… Ⅱ.①上… Ⅲ.①住宅市场—租赁市场—研究—中国 Ⅳ.① F299.233.5

中国国家版本馆CIP数据核字（2024）第087586号

责任编辑：徐明怡　徐　纺
责任校对：张惠雯

我国住房租赁体系发展研究

上海市房地产科学研究院　著

＊

中国建筑工业出版社出版、发行（北京海淀三里河路9号）

各地新华书店、建筑书店经销

北京点击世代文化传媒有限公司制版

河北鹏润印刷有限公司印刷

＊

开本：787毫米 ×1092毫米　1/16　印张：12¼　字数：257 千字

2024 年 8 月第一版　2024 年 8 月第一次印刷

定价：**45.00**元

ISBN 978-7-112-29812-9

（42861）

目 录
CONTENTS

第一章
住房租赁体系的理论与制度基础

第一节　建设住房租赁体系的理论支撑

早在两千多年前，先贤们就提出了"各安其居而乐其业"的伟大理想①。住房问题关系民生福祉，孟子云："有恒产者有恒心，无恒产者无恒心。"②孟子对理想社会的定义为："病有所医，老有所养，居者有其屋。"马克思、恩格斯在《德意志意识形态》中谈到："一切人类生存的第一个前提就是能够生活，满足衣食住行及其他物质条件。"③在马克思看来，人类社会的第一历史活动就是生产满足这些需要的资料，满足人类最初的生存要求。习近平总书记指出："人民群众对实现住有所居充满期待，我们必须下更大决心、花更大气力解决好住房发展中存在的各种问题。""住有所居""人人享有适当住房"可谓古往今来亘古不变的主题。

中国古代就存在住房问题。康熙三十四年（1695年），八旗都统调查了内城旗人住房情况，发现无房旗人达7000多人④。连当时最为尊贵的八旗子弟都住房困难，普通民众住房问题可见一斑。自从人类社会进入工业时代和城市化时代，住房短缺就成为城市生活中一个突出的社会矛盾，恩格斯明确地说明急速的工业化和城市化导致了大城市的住房短缺。然而"住有所居"并不等于人人拥有房屋产权。恩格斯在1872年发表的《论住宅问题》一文中指出："资本主义制度欲通过住房所有权制度解决住房问题的办法是拙劣的。"在这种方案下，通过保障项目获得住房所有权的人群摇身一变成为有产者，从而继续向没有获得住房的人收取租金。将无产者变为有产者的改革不但不能解决问题，反而会增添新剥削阶级，加快贫富分化。"把工人变成自己住房所有者

---

① 《道德经》第八十章："民各甘其食，美其服，安其俗，乐其业，至老死不相往来。"
　《汉书·货殖列传》："各安其居而乐其业，甘其食而美其服。"
② 《孟子·滕文公上》："民之为道也，有恒产者有恒心，无恒产者无恒心，苟无恒心，放辟邪侈，无不为已。"
③ 易磬培．中国住房租赁制度改革研究[D]．广州：华南理工大学，2018．
④ 《八旗通志》卷二十三《营建志一·拨给八旗房屋·在京官兵房屋》．

1

的计划是多么缺乏革命性，这种解决住房问题的办法，实际是帮助工人获得住房而成为新的资本家。"[1]

保持合理的住房租赁比例，对于完善住房租赁市场、提高住房资源的配置效率和有效利用程度具有重要意义。自有和租赁都是合理的住房消费方式，不同的家庭和同一个家庭的不同阶段会根据需要做出不同的选择。"人人享有适当的住房"并不意味着人人都拥有住房的产权，住房自有化率也并非越高越好[2]。影响居民幸福感的是房屋的居住属性而非投资属性，对于租房的家庭而言是否拥有产权房屋对其幸福感的影响并不显著，租房市场通过解决居民的居住问题同样可以提高居民的幸福感[3]。斯特格曼（Stegman）、麦克拉（Michaela）提出住房交易市场和租赁市场是硬币的两面，是互相影响的，政策制定者在制定政策改善住房问题时必须全面地看待市场[4]。伯吉斯（E. W. Burgess）提出住房市场中存在"过滤"效应，高收入家庭购买或者租赁市场价格的新建住房，其原有的住房进入存量市场，由下一收入层的家庭购买或者租赁，这些家庭的原有住房同样会进入存量市场，转移给再下一收入层的家庭，以此类推[5]。以此达到"人人享有适当的住房"而不是"人人有房"。

大力发展租赁住房，构建住房租赁体系，有利于保障居民居住权，满足其基本生活需求；通过提高居民住房的可支付性，从而提升居住品质，促进社会协同发展；人人享有适当住房，以及人类住区的可持续发展，对于改善区域环境，营造公平正义的社会氛围具有积极意义。

一、居住权理论

（一）居住权的形成背景

居住权起源于古罗马时期，在古罗马，继承权仅是成年男子的特权，其他家庭成员甚至是遗孀都无继承权，他们不享有任何财产权利。为了保障遗孀等家庭成员"住有所居"，同时又不损害继承人的合法继承权，居住权应运而生。罗马法中居住权的性质可以界定为家长为非继承人设定的人役权，具有较为浓厚的社会保障属性[6]。

（二）居住权的确立历程

1948 年《世界人权宣言》第 25 条第 1 款规定："人人有权享受为维持他本人和家属的健康和福利所需的生活水准，包括食物、衣着、住房、医疗和必要的社会服务。"

---

① 易磬培 . 中国住房租赁制度改革研究 [D]. 广州：华南理工大学，2018.
② 郑思齐，刘洪玉 . 从住房自有化率剖析住房消费的两种方式 [J]. 经济与管理研究，2004（4）.
③ 张翔，李伦一，柴程森，等 . 住房增加幸福：是投资属性还是居住属性 [J]. 金融研究，2015（10）：17-31.
④ STEGMAN，MICHAELA. The housing market cannot fully recover without a robust rental policy[J]. Boston college journal of law & social justice，2017（44）：395-405.
⑤ 20 世纪 20 年代，伯吉斯观察了美国芝加哥市的城市住宅布局后提出了过滤理论。
⑥ 马文静 . "解释论"语境下的居住权适用：兼评《民法典》物权编第十四章 [J]. 新疆财经大学学报，2021（1）.

人人享有享受生活康乐的权利,享有住房康宁权。1961 年国际劳工组织大会通过的《工人住房建议书(第 115 号建议书)》提出:"在总的住房政策范畴内,各国的政策应促进住房和相关集体设施的建设,使所有工人及其家属能有一套适当、合适的住房和一个适当的居住环境,应给予亟需住房者一定程度的优先。"1966 年《经济、社会及文化权利国际公约》第 11 条规定:"本公约缔约各国承认人人有权为他自己和家庭获得相当的生活水准,包括足够的食物、衣着和住房,并能不断改进生活条件。"国家在保障公民住房问题上,应该有所作为。1981 年国际社会通过了《住宅人权宣言》,将"享有良好环境,适宜于人类的住所"确认为所有居民的"基本人权"[①]。各国政府对公民住房权利的保证具有法定且不可推卸的责任。

（三）居住权的主要内容

罗马法中并无法条就居住权的具体概念给出定义,但结合罗马法中居住权的实际应用可得出结论:其指为居住权人权益而对他人不动产进行用益之权[②]。《中华人民共和国民法典》第二编第 14 章第 366 条规定:"居住权人有权按照合同约定,对他人的住宅享有占有、使用的用益物权,以满足生活居住的需要。"居住权的价值在于它符合人们对效率价值的追求,居住权的效率价值体现在它能使房屋的所有权与使用权分离,让有限的房屋满足更多人的不同需求,最大限度地提高房屋利用效率。对于所有权人来说,为家庭成员设立居住权可以满足情感需求,对社会成员设立居住权可以满足经济追求;对居住权人来说,自己的稳定生活得到了长期的保障,房屋所有权人和居住权人对一个房屋的利用得到了高度的融合,充分体现居住权物尽其用的效率价值[③]。居住权是关于人的居住行为的系列权利的统称,包含居所选择的权利、住房所有权、住房不受侵犯权以及获得住房的权利四个方面[④]。

二、可支付性

（一）可支付性的确立历程

在居民住房可支付性的概念界定上,学术界并没有形成统一的看法。可支付能力的概念缘起于 19 世纪家庭预算的研究,具体可以追溯到 1857 年恩格尔(Ernst Engel)用支出收入比来检验比利时工人家庭住房可支付能力的开创性研究工作[⑤]。

早期,汉考克(Hancock)将这一概念定义为在满足基本生活水准的情况下,家庭对住房成本的支付能力[⑥]。史东(Stone)认为居民的住房可支付性实际上是对家庭与他

① 孙小艺.我国住房租赁法律制度改革研究[J].法制与社会,2021(9):133-134.
② 马文静."解释论"语境下的居住权适用:兼评《民法典》物权编第十四章[J].新疆财经大学学报,2021,1.
③ 王仁芳.城市居民住房租买选择的影响因素研究[D].南京:南京工业大学,2016.
④ 廖丹.作为基本权利的居住权法制保障体系[J].南京工业大学学报,2015(4).
⑤ 李进涛,谭术魁,汪文雄.国外住房可支付能力研究概要[J].城市问题,2009(5):7-13.
⑥ HANCOCK K. Can pay,won't pay,or economic-principles of affordability[J]. Urban studies,1993(30):1.

们各自的居住环境之间关系的利用，是家庭在其有限的家庭收入与住房支出之间做出的平衡[①]。住房可支付能力可以定义为一个家庭能够以一定的价格或租金享有住房，这种价格或租金不会给家庭带来非合理负担。赫尔钱斯克（Hulchanski）在"一周薪抵一月租"的研究中，认为一个家庭以超过一定百分比的收入来获取足够的、合适的住房，则存在住房可支付能力问题。弗里曼（Freeman）等指出，住房可支付能力的内涵集中在住房支出与家庭收入之间的关系上，在一定比例标准以上的房屋被视为家庭收入不能承受。柏克（Burke）认为住房可支付能力是指在家庭能够支付住房支出的同时又能满足其他基本生活支出的能力[②]。马克·罗宾逊（Mark Robinson）指出，住房支付能力并不是简单的关于住房支出和收入水平的问题，它是关于人们获得住房并能持续在其中居住的能力。该定义不仅考虑了人们获得住房的能力，还考虑到人们在获得住房后维持这种居住状况的能力。如果能够维持这种居住状况并且能够满足其他的基本生活需求，则可以说是具备住房支付能力[③]。

我国学者董昕将住房支付能力定义为一个家庭从市场上购买或租赁住房的交易能力；张智认为住房支付能力就是家庭对于住房方面支出的承受能力，对住房支付能力进行了分类，分为购房支付能力和租房支付能力；解海根据消费者的不同将其分为三种——住房承租人支付租金的能力、住房所有人支付必要支出维持居住现状的能力及无房者购房支出能力[④]。住房的可支付性不仅关系到居民所能居住的房屋条件，也对每个家庭除住房以外的其他生活支出产生重大影响。作为一种消费，租房的支出在收入中所占比例不能过高，否则会限制其他消费品的支出，从而影响正常的生产生活[⑤]。

（二）可支付性测度方法

国内外住房文献应用的住房支付能力测度指标大体上可以分为比率法、剩余收入法和指数法三类。谢尔顿（Shelton）提出的"大拇指法则"中指出，住房消费支出占家庭收入比重不应超过25%，如果超过这个上限值，就认为居民存在住房可支付性问题[⑥]。大卫·迈尔斯（David Miles）把住房支付能力定义为合理的住房支出与收入之比，即家庭的收入在除去住房支出后，仍有足够的收入来满足其他基本需求，如食品、衣着、交通、医疗和教育[⑦]。怀特黑德（Whitehead，1991）指出住房承受能力本质上是住房与其他产品和服务的机会成本，机会成本是剩余收入法的根本逻辑基础。剩余收

① STONE ME. What Is Housing Affordability? The Case for the Residual Income Approach[J]. Housing Policy Debate，2006，17（1）：151-184.
② 李进涛，谭术魁，汪文雄. 国外住房可支付能力研究概要 [J]. 城市问题，2009，5：7-13.
③ 张慧. 我国城镇居民住房支付能力的评价 [D]. 北京：北京工业大学，2012.
④ 赵元恒. 我国城镇居民住房可支付性评价与调控政策研究 [D]. 济南：山东建筑大学，2019.
⑤ 李建沂. 附属住宅单元（ADUs）：解决美国出租房可支付性危机的新机遇 [J]. 中国建设信息，2015，15：76-78.
⑥ 周荔薇. 我国城镇居民的住房负担能力研究 [D]. 武汉：华中师范大学，2013.
⑦ 大卫·迈尔斯于1991年所著的《澳大利亚国家住房战略》（Australia National Housing Strategy）。

入法注重家庭收入、住房支出以及非住房成本三者之间相互关系的研究。史东（2006）也认同用剩余收入法来分析住房可支付性。剩余收入法的核心思想是如果家庭可支配收入除去维持家庭生活的最低消费后的剩余收入不能满足家庭住房消费，就认为家庭存在住房可支付性问题。近年来，相当多的科研院所和商业组织都在测算并推出住房可支付性指数（HAI），其中以全美不动产经纪人协会（NAR）推出的住房可支付性指数最受关注。其除了考虑住房价格和家庭收入之外，还考虑了抵押贷款对住房可支付性的影响。一些学者用综合的方法对住房可支付性进行分析。张世涵（2019）以房价收入比、剩余收入法、住房可支付性指数三种测度方法中的房价收入比进行测度，得出我国居民住房可支付能力较差，高企的房价不仅使普通百姓在解决住房问题过程中承受更大压力，而且进一步拉大贫富差距，造成国民收入结构失衡，对整个社会的协同发展形成阻碍。

三、可持续性

（一）可持续性的发展历程

可持续发展思想早在春秋战国时期就开始萌芽，"竭泽而渔，岂不获得？而明年无鱼；焚薮而田，岂不获得？而明年无兽"，明确了资源可持续利用的思想；此外，"天人合一"也表达了古代人类与自然和谐持续发展的理想。亚当·斯密在《国富论》中指出：经济和社会的可持续是通过发展分工和资本积累，足以克服土地稀缺程度的提高对经济增长所带来的消极影响，从而维持可持续发展。穆勒在《政治经济学原理》中提出静态经济论：自然、环境、人口、财富均应保持稳定，且应与自然资源极限保持较大距离，要严格避免无止境地开发资源①。

1987年，可持续发展的概念第一次在联合国大会中被明确提出。该报告对可持续发展做了全面、详细的阐述，并给出了可持续发展定义：既满足当代人的需要，又不对后代人满足其需要的能力构成危害的发展。此后，可持续发展这个概念逐渐被人们重视。1992年，《世界发展报告》指出：可持续发展指的是建立在成本效益比较和审慎的经济分析基础上的发展和环境政策，加强环境保护，从而导致福利的增加和可持续水平的提高。同年，《里约宣言》和《21世纪议程》在联合国环境与发展大会中正式出台，这些人类共同签署的决议是当代人类社会可持续发展新思想的集中体现，对环境与经济、社会发展相协调的新观点进行了全面而系统的阐述，在全世界范围内掀起了推行可持续发展的热潮。

（二）可持续性的内容

纽曼对可持续发展下的定义为"可持续发展是一个全球化的过程，目的是帮助创建一个永久的未来，可持续发展必须综合考虑环境因素、社会因素和经济因素"，同时

---

① 史先刚. 城市综合开发视角下的新城可持续发展规划评价研究 [D]. 重庆：重庆大学，2019.

他也对可持续住房的涵义进行了界定：确保住房弱势群体有房住、确保住房更具有生态效益、确保住房位置得到优化、有利于改善区域环境①。1996 年联合国第二届住区大会上提出的两大主题："人人享有适当的住房和人类住区的可持续发展"，明确地将可持续发展与住房建设有机结合起来，可持续发展成为住房建设的主导思想。可持续住房可以理解为"在地方层次上，对社区建筑物、社会公正和经济效益有贡献的住房"②。

房地产业可持续发展可被定义为"既要满足当代人对房地产的各种需求，又要合理利用土地资源，保护生态环境，为后代人的生产生活创造必要的空间发展条件"。具体包含两方面含义：一是房地产业的发展既要满足当代人对住房，以及他们进行经济活动所需的各种其他房地产产品的需求，又要满足子孙后代未来发展的需要；二是既要保持房地产业自身的不断发展，又要与国民经济其他产业协调发展，维护和建设良好的生态环境③。

第二节　建设住房租赁体系的制度基础

《商君书·壹言》有云："凡将立国，制度不可不察也。"制度优势是一个国家的最大优势，制度稳则国家稳。中华人民共和国成立 70 多年来，中华民族之所以能迎来从站起来、富起来再到强起来的伟大飞跃，最根本的原因是党领导人民建立和完善了中国特色社会主义制度，形成和发展了党的领导以及经济、政治、文化、社会、生态文明、军事、外交等各方面制度，不断加强和完善国家治理。就经济制度而言，社会主义基本经济制度在我国的经济制度体系中具有基础性、决定性地位，是中国特色社会主义制度的重要支柱。把社会主义市场经济体制确立为社会主义基本经济制度，既能发挥市场经济的长处，又能发挥社会主义制度的优越性。在社会主义条件下发展市场经济，是我们党的一个伟大创举。习近平总书记指出："我们是在中国共产党领导和社会主义制度的大前提下发展市场经济，什么时候都不能忘了'社会主义'这个定语。"④因此，在社会主义市场经济体制中建立住房租赁体系，绝不能照搬西方资本主义国家的理论思想和实践做法，而要在社会主义初级阶段的基本国情、住有所居和租购并举的基础上加以构建。

一、社会主义初级阶段的基本国情

建设社会主义是一次伟大的长征，走过社会主义初级阶段至少需要上百年时间。

① 郭玉坤. 可持续发展与可负担住房关系研究 [J]. 商业研究，2012（5）.
② MORGAN，J. & TALBOT R，Sustainable Social Housing for No Extra Cost? [C]. // WILLIAMS，K & BURTON，E & JENKS，M.，eds Achieving Sustainable Urban Form. London and New York：Spon Press，2001：319-328.
③ 朱骁. 桐乡市房地产市场可持续发展研究 [D]. 杭州：浙江工业大学，2014.
④ 习近平在十八届中共中央政治局第二十八次集体学习时的讲话，2015 年 11 月 23 日.

从 1978 年的改革开放，到现在的全面深化改革，都建立在我国所处历史方位的基本判断基础上，即我国将长期处于社会主义初级阶段。改革开放初期，关于社会主义初级阶段的理论探索为当时中国改革"往哪走""怎么走"提供了明确的方向与主线，也成为建设中国特色社会主义事业的总依据。党的二十大报告再次明确，中国仍处于社会主义初级阶段，确保了党的路线、方针、战略与政策的稳定性与连续性。建立健全住房租赁体系，首要的制度基础就是社会主义初级阶段的基本国情。

（一）社会主义社会建立住房租赁体系的必然性

社会主义初级阶段论断的第一层含义是指就社会性质而言，我国已经进入社会主义社会，我们必须坚持且不能离开社会主义。社会主义制度为建立住房租赁体系提供了坚实的基础。

首先，社会主义公有制决定了社会主义生产是以人民为中心，社会主义生产要满足人民具体的、现实的需要。古有杜工部（杜甫）疾呼："安得广厦千万间，大庇天下寒士俱欢颜，风雨不动安如山。"今有党和各级政府积极协调解决人民住房问题。住房问题自古以来就是重大的民生问题，关系千家万户的基本生活保障。住有所居，是人民对美好生活的向往，是重大民生实事。改善住房条件、圆好"住房梦"，实现安居乐业，是现阶段群众最迫切的期盼。因此，建立住房租赁体系是我国走好中国特色社会主义道路、实现人民群众对美好生活向往的必经之路。

其次，土地的社会主义公有制是我国土地制度的核心，决定了我国的土地不能买卖，但土地使用权可以依法转让，为住房租赁问题的解决提供了制度保障。土地制度是房地产行业发展的基石，同时土地又是极其重要的生产要素，对于经济发展至关重要。为了保护土地的社会主义公有制不受侵犯，同时也为了保护我国的耕地资源，宪法规定，任何组织或者个人不得侵占、买卖或者以其他形式非法转让土地。我国土地所有权的主体只能是国家或农业集体经济组织。土地的社会主义公有制，为开展城市建设提供了有效的制度保障。城市政府能够根据发展需要，合理调控土地开发利用规模，合理布局城市功能区，按照城市发展规划推进城市建设、完善城市基础设施，有序推进城镇化，促进经济发展和人民安居乐业，这些都是实行土地私有制的国家难以做到的。

最后，我国实行的社会主义市场经济体制能够发挥社会主义制度的优越性、发挥党和政府的积极作用。改革开放以来，从传统的计划经济体制到不断推进深化改革的社会主义市场经济体制，再到使市场在资源配置中起决定性作用和更好地发挥政府作用，我国成功地走出了一条社会主义市场经济之路。市场起决定性作用，是从总体上讲的，不能盲目绝对地讲市场起决定性作用。一个典型的例子就是，2008 年由美国华尔街的"次贷危机"引发了波及世界的"金融海啸"，世界经济受到严重冲击，国际经济增速放缓。对于美国金融危机的发生，一般看法都认为，这场危机主要是金融监管制度的缺失造成的，华尔街投机者钻制度的空子，弄虚作假，欺骗大众。诚然，这场危机的一个根本原因在于美国近三十年来加速推行的以减少政府对经济社会的干预为主要经济政策目标的新自由主义经济政策。而我国，一直以来坚持推动"看不见的手"和"看得见的手"协同发力，让有效市场和有为政府更好结合。因而，我国能够发挥集中人力、物力、财力办大事的优势，能够有力地把住房租赁体系建设列入经济社会发展的规划之中，在整个过程中，党和政府这双强有力的大手更好地保障公平竞争、维护市场秩序、促进共同富裕、弥补市场失灵。

（二）社会主义初级阶段建立住房租赁体系的长期性和艰巨性

社会主义初级阶段论断的第二层含义是指就发展程度而言，我国的社会主义正处于并将长期处于初级阶段，我们必须正视而不能超越这个初级阶段。建立住房租赁体系，必须考虑几个方面的实际情况。

首先，我国人口基数大且人口流动快。从人口总量来看，我国人口从 1949 年的 5.42 亿上升到 2021 年的 14.13 亿[①]。根据第七次全国人口普查数据，2020 年中国城镇常住人口达 9 亿，常住人口城镇化率为 63.89%，与 2010 年第六次全国人口普查相比，城镇人口比重上升 14.21%（见图 1-1）。联合国《世界人口展望 2019》预计，到 2030 年中国常住人口城镇化率将达约 71%，城镇常住人口将较 2020 年再增加约 1.3 亿。从人口流动情况来看，我国人口流动程度逐年增加，主要表现为年轻劳动力向一二线城市集中。按照居住地与户口登记地不在同一个市辖区的口径统计，我国流动人口从 2000 年的 1.2 亿上升到 2021 年的 3.76 亿人，流动人口主要向上海、北京、天津、广州、深圳等一二线城市集中，进一步催生了住房租赁需求。

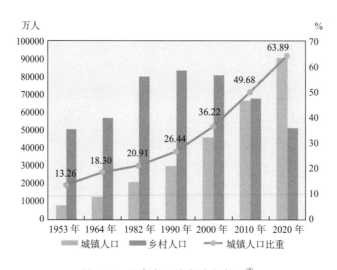

图 1-1　历次人口普查城乡人口[②]

① 数据来源：《中国统计年鉴 2022》。
② 数据来源：国家统计局。

其次，我国的土地制度表现出典型的城乡二元制结构。从土地权属来看，城乡土地所有制在宪法层面就已经是一种分立的制度架构。具体到建设用地领域，城乡市场的体制性分割更为明显。城乡土地所有权的产权强度和权能存在显著差异，城乡建设用地不统一、市场分割突出，同地不同权和同地不同价现象长期存在。[①] 在我国土地市场引入招拍挂制度后，我国土地制度城乡二元制结构不断加剧。一方面，热点一二线城市宅地供应异常紧缺、土拍竞争愈加激烈，地价飙升、地王频现；另一方面，农村土地不能直接转化为城市住房用地，在耕地红线的高压线下，大城市国有土地总量已经触顶，唯有集体建设用地入市，才能在缓解城市供地压力的同时，盘活农村最大一笔资产。[②] 因而，在此背景下的住房租赁体系设计可谓是道阻且长。

最后，社会主义初级阶段是不发达阶段，我国仍然是世界上最大的发展中国家。中华人民共和国成立 70 多年来，中国经济累计实际增长约 189 倍，目前中国经济总量已超过 100 万亿元，是世界第二大经济体，占全球经济的比重提高到 17% 以上。但是，必须清醒地认识到，我国人均 GDP 仍略低于世界平均水平，与主要发达国家相比还有较大差距。从社会生产力来看，我国仍有大量传统的、相对落后甚至原始的生产力，而且生产力水平和布局很不均匀。从"五位一体"总体布局来看，各个领域仍然存在这样那样的短板，有些方面还面临不少突出问题。从城乡区域发展来看，我国农村和中西部地区特别是老少边穷地区，经济社会发展还比较落后。从收入分配来看，收入分配差距仍然较大，必须把促进全体人民共同富裕摆在更加重要的位置。因而，在社会主义初级阶段建立健全住房租赁体系的任务十分艰巨，必须以越是艰险越向前的精神奋勇搏击、迎难而上。

（三）社会主义初级阶段住房租赁问题的主要矛盾

长期以来，人民日益增长的物质文化需要同落后的社会生产力之间的矛盾是我国社会主要矛盾。随着中国特色社会主义进入新时代，我国社会主要矛盾已经转化为人民日益增长的美好生活需要和不平衡不充分的发展之间的矛盾。就住房租赁问题而言，这对主要矛盾具体表现为三种情况。

首先，我国住房体系内部存在着"重购轻租"的现象，住房租赁体系在我国整个住房体系中属于从属或者辅助要素。"重购轻租"的体系存在着诸多弊端，如助长各城市一手房和二手房房价、加剧贫富等级差异等。

其次，我国住房租赁体系本身陷于"三元困境"的泥沼。改革开放以来，中国住房租赁体系经历了快速发展和变迁，从福利分房时期以公房租用为主、"城中村"等非正规出租住房为辅的"二元体系"，逐渐演变为以市场化租赁住房为主、非正规出租住

① 杨振，韩磊.城乡统一建设用地市场构建：制度困境与变革策略 [J].学习与实践，2020（7）.
② 肖文晓.租赁狂风冲击城乡二元户籍制 [J].城市开发，2017（9）.

房和保障性租赁住房为辅的"三足鼎立"格局。但是，与建立租购并举住房制度的要求相比，当前的住房租赁体系仍有许多亟须完善之处。其中较为深层次的表现是，在安全性、可支付性、可获得性这三种普遍追求的价值要素上，我国的市场化租赁住房、非正规出租住房和保障性租赁住房都只能满足其中两种价值，而无法同时满足三种价值，从而形成了所谓的"三元困境"[①]。

最后，在我国住房租赁领域法律策略内部，始终有着"重房东轻房客"[②]的策略偏向。房东通过自身具备的绝对力、支配力以及强大力，在住房租赁阶段处在相当显著的优势地位。此类策略体系，影响了住房资源本身作用的调动，不利于社会的平等公正。

通过分析住房租赁问题的矛盾，可以得到以下几点启示：一是政府要采用一系列政策手段提高住房租赁制度在整个住房制度体系中的地位，把住房租赁上升到与住房买卖领域同样重要的地位；二是应直面当前住房租赁体系中存在的"三元困境"问题，使安全性、可支付性和可获得性这三大价值要素兼容，促进住房租赁市场平稳健康、可持续发展；三是要构建平等的住房租赁策略架构，将承租权纳入条例范畴，为租赁双方提供合理的法律依据，有效保障承租人的合法权益。

二、住有所居和租购并举

联合国第二届人类住区大会提出的"人人享有适当的住房"和"城市化进程中人类住区的可持续发展"这两个主题[③]，充分体现了人类对自身生存最基本需求的关注。"人人享有适当的住房"是人的生存权和发展权的重要内容，居住条件的改善是人类文明进步的重要标志。中国是一个历史悠久、人口众多的文明古国。中国人民经过近半个世纪的努力奋斗，国民经济与社会发展取得了多方面的巨大成就。同时，中国作为发展中国家，在社会经济发展中还面临着不少困难。人口和就业负担较重，人均资源相对不足，国民经济整体基础还比较薄弱，消费结构不尽合理。这些都给我国解决人民居住问题带来了压力，但我国政府本着以人为本的宗旨，怀着攻坚克难的坚定信念，从未停止过优化住房制度改革的步伐。

在我国住房体制改革的历程中，住房租赁制度遵循了渐进式改革的原则，先后经历了住房福利分配、改革公房租用管理、发展保障类租赁住房和探索建立租购并举的住房制度四个发展阶段。近年来，中央深入研究并加快住房制度改革，多主体供应、多渠道保障、租购并举的住房制度正在加快建立，围绕租赁住房的各项支持政策密集出台。党的十九大报告在"提高保障和改善民生水平"的大框架下提出"租购并举"，

① 严荣.住房租赁体系：价值要素与"三元困境"[J].华东师范大学学报，2020（3）.
② 孙小艺.我国住房租赁法律制度改革研究[J].法制与社会，2021（9）.
③ 金逸民.迎接世界城市化挑战 实现人居可持续发展：联合国第二届人类住区大会综述[J].中国人口·资源与环境，1996（3）.

党的二十大报告则是在"增进民生福祉，提高人民生活品质"的大框架下再提"租购并举"。党的重要精神和习近平总书记的系列讲话是当前以及未来一段时期我国深化住房制度改革的主要任务和主攻方向，也是大力推进我国住房租赁体系建设的定盘星。

（一）建立住房租赁体系是推动实现住有所居的必然要求

在中国经济进入新常态后，中央提出了供给侧结构性改革的政策方针，在住房体制改革的思路上从过去的"重购轻租"转变为"购租并举"，再到现阶段的"租购并举"，每一步改革都意义非凡。重视住房买卖市场、轻视住房租赁市场的政策导向，一方面会阻碍"住有所居"目标的实现，另一方面也会助长房价上涨、加重居民债务负担、加剧大城市病。"重购轻租"的背后体现了对"住房自有"的执念。20世纪七八十年代，在新自由主义盛行的大背景下，西方发达国家掀起了住房自有化的浪潮，通过鼓吹住房自有从而减少了为工人阶级提供租赁性的住房，以降低工人阶级实际福利水平为代价来给资本主义国家减轻财政负担。这正印证了恩格斯19世纪说过的话："大资产阶级和小资产阶级解决'住宅问题'的办法的核心就是让工人拥有自己住房的所有权。"[1]恩格斯认为，工人追求对住宅的所有权存在很大弊端。住房自有不利于工人因工作的变动而迁移，而迁徙自由是大城市工人首要的生活条件，住房自有对于他们反而是一种枷锁。恩格斯指出："对于我们大城市工人来说，迁徙自由是首要的生活条件，而地产对于他们只能是一种枷锁。如果让他们有自己的房屋，把他们重新束缚在土地上，那就是破坏他们反抗工厂主压低工资的力量。"[2]

住房租赁市场，是房地产市场的重要组成部分，是解决住房问题的重要渠道。但目前我国住房租赁市场发育不充分，城市居民家庭租房比例总体上不高，部分群体的住房租赁需求没有很好地得到满足。对于当今的新市民、青年人来说，住房困难问题愈加凸显。新市民的住房问题主要体现在四个矛盾上，即各城市所需要的新市民的住房需求与相应住房政策不匹配之间的矛盾、新市民的住房困难与住房保障覆盖面之间的矛盾、新市民的租房需求与住房租赁市场发展不充分之间的矛盾以及住房政策的普适性与住房困难的特定性之间的矛盾。[3]

党中央、国务院高度重视保障性租赁住房工作。2021年6月24日，国务院办公厅印发了《国务院办公厅关于加快发展保障性租赁住房的意见》国办发〔2021〕22号（以下简称《意见》），提出加快完善以公租房、保障性租赁住房和共有产权住房为主体的住房保障体系，明确了保障性租赁住房基础制度和支持政策，体现了党和政府缓解新市民、青年人等群体住房困难的决心。《意见》要求落实城市政府主体责任，省级人

---

① 中共中央马克思恩格斯列宁斯大林著作编译局.马克思恩格斯选集：第3卷[M].北京：人民出版社，2012：184.
② 中共中央马克思恩格斯列宁斯大林著作编译局.马克思恩格斯选集：第3卷[M].北京：人民出版社，2012：219-220.
③ 严荣，蔡鹏.新市民的住房问题及其解决路径[J].同济大学学报，2020（1）.

民政府负总责，鼓励市场力量参与，增加租金低于市场水平的小户型保障性租赁住房供给，并明确了土地、财税、金融等一揽子支持政策和审批制度改革措施。未来如能全面落实这些含金量比较高的措施，将会在五个方面取得明显成效，即新市民、青年人将在人口净流入的大城市能够租得到、租得起、租得近、租得稳、租得好。[①]

所谓"租得到"，就是通过缓解当前租赁住房市场结构性供给不足，让新市民、青年人能够租到合适的房源。所谓"租得起"，就是通过发展小户型和低租金的保障性租赁住房，有效改善可支付的问题。所谓"租得近"，就是通过特别强调或专门强调引导产城人融合、人地房联动等方面的机制。保障性租赁住房主要安排在就业岗位和交通便捷相对集中区域，从而促进职住平衡。所谓"租得稳"，就是通过稳定供应，并且明确保障性租赁住房不得上市销售或变相销售，推动租赁关系相对稳定，让新市民和青年人能够稳稳地以租住解决自己的问题。所谓"租得好"，就是通过发展保障性租赁住房，完善住房保障体系，能够逐步提高新市民、青年人的居住品质，不断增强人民群众的获得感、幸福感、安全感。

2022年10月13日，住房和城乡建设部办公厅、国家发展改革委办公厅、财政部办公厅印发《住房和城乡建设部办公厅 国家发展改革委办公厅 财政部办公厅关于做好发展保障性租赁住房情况年度监测评价工作的通知》建办保〔2022〕49号，要求做好发展保障性租赁住房情况年度监测评价工作。年度监测评价要结合工作实际，突出各项支持政策落地见效，切实在解决新市民、青年人住房困难方面取得实实在在的进展。

2023年1月17日，全国住房和城乡建设工作会议召开，会议强调2023年要以发展保障性租赁住房为重点，加快解决新市民、青年人等群体住房困难问题。大力增加保障性租赁住房供给，扎实推进棚户区改造，新开工建设筹集保障性租赁住房、公租房、共有产权房等各类保障性住房和棚改安置住房360万套（间）。

（二）租购并举政策的内涵

租购并举是我国政府在让全体人民住有所居的大目标下，改善房地产消费及供给结构的有益探索，对房地产行业的合理布局和健康发展也意义重大。租购并举的意思是通过租赁和出售房屋两种措施的共同实施来解决老百姓的基本住房需求。租购并举政策扩大了租房市场，更多土地将会进入租赁市场，刺激更多人去租房，这样楼市的资金将会分流至租赁市场，从而抑制房地产泡沫。从目前各城市落地的政策来看，租购并举政策主要从增加租赁住房供应、加快住房租赁法治化以及加大住房租赁金融支持力度三个方面来落实。

---

① 《加快发展保障性租赁住房 做好房地产市场调控工作》，上海市房地产科学研究院院长严荣在住房和城乡建设部召开的新闻发布会上的答记者问。http://www.chinajsb.cn/html/202107/28/21923.html，2021-07-28.

1.增加租赁住房供应。我国的租赁住房主要有三大类，分别是保障性租赁住房、公租房以及市场化租赁住房。近年来，各地区、各有关部门认真贯彻落实党中央、国务院决策部署，扎实推进住房保障工作，有效改善了城镇户籍困难群众住房条件，但新市民、青年人等群体住房困难问题仍然比较突出，需加快完善以公租房、保障性租赁住房和共有产权住房为主体的住房保障体系。近期国务院办公厅发布《国务院办公厅关于加快发展保障性租赁住房的意见》国办发〔2021〕22号，明确给予保障性租赁住房土地、财税、金融支持，引导多主体投资、多渠道供给。在扩大供给方面，人口净流入的大城市和省级人民政府确定的城市，可探索利用集体经营性建设用地建设保障性租赁住房；允许利用企事业单位自有土地建设保障性租赁住房，变更土地用途，不补缴土地价款；可将产业园区配套用地面积占比上限由7%提高到15%，提高部分主要用于建设宿舍型保障性租赁住房；保障性租赁住房用地可采取出让、租赁或划拨等方式供应；允许将非居住存量房屋改建为保障性租赁住房，不变更土地使用性质，不补缴土地价款。

以上海为例，上海作为全国超大城市，在响应中央号召、增加租赁住房供应方面走在全国前列，如表1-1所示。在新建方面，上海的租赁住房用地供应规模位居各大城市第一，并且积极探索利用集体建设用地建设租赁住房作为人才安居房源。截至"十三五"期末，上海国有土地上可供租赁住房总量约234.4万套，约占国有土地上住房总量的29.3%，加上租赁住房用地新建、集体土地农民住房出租等其他供应渠道，上海住房总量基本满足租赁需求。截至"十四五"期末，上海目标累计筹措60万套（间）租赁住房，其中保障性租赁住房筹措达47万套（间）以上。

2.加快住房租赁法治化。住房需求是居民的基本需求，住房租赁是满足居民住房需求的重要途径，而法治建设是住房租赁市场长足发展的必要条件。近年来，国家为发展和培育住房租赁市场，出台了一系列支持政策，加快住房租赁市场法治建设。但与迅速发展的住房租赁市场相比，租赁立法进程仍然相对滞后。在租购并举的新形势下，《北京市住房租赁条例》的出台，从租赁合同网签备案、租金押金监管、租金合理调控、租赁平台监管、租赁纠纷解决机制、短租住房管理等方面加强承租人权益保护，规范住房租赁企业发展，推动租赁关系稳定，有力有序地推动住房市场平稳健康发展，为全国租赁立法提供了"首都样本"①。继《北京市住房租赁条例》于2022年9月1日开始正式实施之后，《上海市住房租赁条例》也于2023年2月1日起施行。《上海市住房租赁条例》的相关规定，有助于推动住房租赁市场的进一步规范，保障租赁双方的合法权益，营造良好的租房环境，促进"租购并举"住房制度的加快建立。

北京和上海的住房租赁条例，都重点围绕租赁双方的权益保护、住房租赁规范管理以及资金监管等方面进行了规定，在承租人义务方面存在细微差别；此外，上海建

---

① 殷昊.规范发展租赁市场构建稳定租赁关系：对《北京市住房租赁条例》的评价[J].上海房地，2022（9）.

上海市租赁房源筹集渠道 表 1-1

序号	类别	筹集渠道
1	新建	出让租赁住房用地（Rr4）集中新建赁住房
2	配建	新建商品住房配建租赁住房
3	改建	商办、工业等非居住房屋改建转化为租赁住房
4	盘活存量	盘活利用社会闲置存量住房和乡村宅基地住房
5	单位自建	产业园区、企事业单位等利用自有用地建设

立了住房租赁信用管理制度，对保障性租赁住房的建设和管理提出了明确要求。在租赁双方的权益保护制度层面，北京和上海均在禁止群租、将"二房东"纳入监管、租赁合同终止保护、租金管控、规模化租赁管理以及承租人义务的规定等方面作出了明确规定。在住房租赁规范管理制度层面，北京和上海均完善了房源信息核验制度、住房租赁经纪管理制度以及住房租赁信息登记管理制度。在资金监管层面，两地都规定住房租赁企业向承租人一次性收取租金超过三个月的部分，应当纳入监管。具体来说，北京规定住房租赁企业向承租人收取的押金一般不得超过一个月租金，并按照规定通过第三方专用账户托管。上海则规定收取押金超过一个月租金的部分，应当存入住房租赁交易资金监管专用账户。住房租赁企业承租个人住房从事转租业务的，应当开立住房租赁交易资金监管专用账户。

3. 加大住房租赁金融支持力度。住房租赁市场的发展需要大量资金，而其收益的变现需要较长的时间，因而住房租赁市场的壮大离不开金融层面的支持。2022 年，以培育发展保障性租赁住房为重心，我国住房租赁市场发展节奏明显加快。2023 年以来，支持住房租赁市场发展的导向仍在延续，行业金融支持政策进一步放开。2023 年 1 月 10 日，人民银行及银保监会联合召开主要银行信贷工作座谈会，提出加大住房租赁金融支持，做好新市民、青年人等住房金融服务，推动加快建立"租购并举"住房制度。2022 年金融统计数据新闻发布会上，央行有关负责人在回答记者问时多次提及支持房地产的相关举措，提出将完善住房租赁金融支持政策，推动房地产行业向新发展模式平稳过渡。根据中央经济工作会议的部署，防范风险从问题房企向优质房企扩散，有关部门起草了《改善优质房企资产负债表计划行动方案》。在住房租赁方面，将设立住房租赁贷款支持计划，支持部分城市试点市场化批量收购存量住房，扩大租赁住房供给。落地后将进一步优化行业整体金融环境，提振企业参与的积极性，激发住房租赁市场活力。2024 年 1 月 5 日，中国人民银行、国家金融监督管理总局联合发布了《中国人民银行 国家金融监督管理总局关于金融支持住房租赁市场发展的意见》银发〔2024〕2 号（以下简称《意见》）。《意见》共 17 条，分别从基本原则和要求、加强住房租赁信贷产品和服务模式创新、拓宽住房租赁市场多元化投融资渠道、加强和完善住房租赁金融管理四大方面进行了规范。

第二章

主要国家建设住房租赁体系经验及发展趋势

第一节　主要国家租赁住房的发展历程

以世界范围内住房问题的解决起源来看，欧洲作为人类历史上第一个工业化大陆，其租赁住房政策对后续国家产生了深刻的影响。因此，本节以 18 世纪下半叶工业革命的英国为起源，对主要国家租赁住房的发展历程展开回顾。

一、18 世纪下半叶～19 世纪初：英国工人阶级住房问题

18 世纪下半叶，工业革命兴起，带来了城市人口数量的快速增长，城市边缘也在不断扩大，引起了城市住房问题[①]。当时，伦敦作为英国传统的政治、经济、文化中心，较强的城市吸引力带来了大量外来人移居伦敦。19 世纪是英国工业经济大发展时代，工业革命及维多利亚时代的经济繁荣进一步吸引了外来人口的流入，快速城镇化进程中住房短缺、住房条件拥挤、卫生条件差的住房问题引发了一系列社会矛盾，加剧了社会动荡的风险，迫使执政当局和社会各界进行干预和治理，由此开展了英国住房改革，后期逐步影响并启发了其他国家对住房进行调控。

1760 年，伦敦人口为 70 万，到 1841 年，人口规模已经到了 223.9 万[②]。在城市的住房分布中，大商人、资本家都已迁往郊区，只有工薪劳动者和商人充斥于伦敦偏僻荒芜的市郊中。当时，住房问题主要表现在以下几方面：一是人口多，居住环境拥挤。大批贫穷移民来到伦敦，为了减少居住支出，通常是几个人一起租住一处房子或者是在城市边缘建造窝棚等临时住所，形成贫民窟。沙夫茨伯利勋爵在 1884～1885 年《皇家住房问题调查委员会》的报告中说："住房拥挤状况已达到如此程度，以至于生活于

---

① 根据住宅社会学的研究，城市住宅在世界上存在三大基本问题，即住宅紧缺问题、居住质量问题和经济负担问题。

② MARSHALL T H . Revisions in Economic History：Ⅱ. The Population of England and Wales from the Industrial Revolution to the World War[J]. Economic History Review，1935，5（2）：65-78.

其中的人们不可能再有什么健康和体面的奢望，我曾看到四个毫无干系的家庭挤在一间房中，每家一个墙角，我无法相信如此状况竟然在伦敦地区仍然存在。"[1] 二是设施简陋、环境卫生条件差。工人们居住在城市的贫民窟，空间十分拥挤，再加上周边工厂排放的污水废气极易诱发传染病，不仅对工人自身的健康产生影响，同时也容易造成传染疾病的广泛传播。

至此，工人们恶劣的住房状况，引起了社会上有识之士的关注，开始探索工人住房拥挤状况的解决路径。从改革思想上，阿什利勋爵（Lord Ashley）、奥克塔维西亚·希尔（Octavia Hill）等人主要从土地、区位、资金、社区人际与环境关系等方面展开了讨论，并且提出了明确的设想。其后，商人和教会也开始规模化地兴建房屋。然而，由于缺乏系统的城市规划，城区内开始出现连排式大杂院，背靠背式、单向公寓式等各类形态的住房，空间拥挤程度进一步加剧。同时，国家也发现完全依靠私人住房的兴建并不能长远解决工人住房的问题，1835 年，英国通过《市政自治机关法》，进行市政改革，建立和完善城市负责住房的行政机构。从 1860 年开始，英国政府先后制定和实施了《托雷斯法（the Torrens Act）》《克罗斯法（the Cross Act）》《工人阶级住房法》等 6 项住房法，对工人阶级的居住改善问题中地方政府及相关部门职责进行明确规定。从 19 世纪 90 年代开始，政府开始扩大公房建设，到第一次世界大战前，伦敦议会承担建造了 7 处公有住宅区，供工人阶级使用，但大部分新建住所是为新兴的"郊区居民"而设计，他们通常属于下层中产阶级的"新白领"和"别墅保守党人"，并非是工人群体。截至 1914 年，伦敦约有 10 万租户住在国家兴建的住房中[2]。

1914 年秋，在一个又一个欧洲国家卷入了第一次世界大战的大屠杀之际，英国外交大臣格雷伯爵评论道："灯光正在整个欧洲熄灭。第一次世界大战作为全球历史转折点引人注目，标志着支配全球的欧洲时代的终结。"[3] 同样地，第一次世界大战也对英国租赁住房产生了深刻的影响。战争期间，英国为了提高和促进军需生产效率，将劳动者集中到军需工业的城市进行生产建设，在以军需生产最优先的导向下，这些城市并没有真正的住宅建设，因而产生了住宅供给不足、租金价格不断攀升、劳动者支付租金能力不断下降的问题[4]。工人的居住问题引起了游行、罢工等一系列的社会问题，当地政府出于劳动者对协助战争的重要性考虑，开始施行住房租金管制政策，该政策一直延续到第一次世界大战后，租金管制和租房权的保护也成为英国政府租赁住房政策的重要来源。

① 约翰·克拉潘.现代英国经济史中卷 [M].姚曾廙，译.北京：商务印书馆，1975：167-168.
② 吴铁稳，张亚东.19 世纪中叶至一战前夕伦敦工人的住房状况 [J].湖南科技大学学报（社会科学版），2007（03）：92-96.
③ 斯塔夫里阿诺斯.全球通史 [M].吴象婴等，译.北京：北京大学出版社，2004：727.
④ 余南平.世界住房模式比较研究——以欧美亚为例 [M].上海：上海人民出版社，2011：2.

二、19 世纪 80 年代～20 世纪 20 年代：美国进步时代的住房改革运动

在美国历史上，19 世纪 80 年代到 20 世纪 20 年代，这段时期被称为"进步时代"，是社会与经济大转型时期。高速增长的经济带来了大量工作机会，吸引了上千万移民涌入北美大陆。从 1870 年到 1900 年，约有 1200 万人从欧洲移民到美国，到 1910 年又有约 900 万的移民涌入境内（Chambers[①]）。同时，美国也进入了高速工业化、城镇化的历史时期，在 1860～1910 年期间，人口在 10 万以上的城市从 9 个增加到了 50 个，人口在 1 万～2.5 万之间的城市从 58 个增加到了 369 个。

在美国的进步时代，建筑成本迅速增加、国内资本市场形成、个人投资方式变化，都进一步推动了房地产行业的深刻变革。从 1895 年到 1914 年，住房的平均建设成本增加了 50%，主要是因为人工和建筑材料的价格上涨，建设效率并未明显提升。自 20世纪开始，美国人也开始通过制度性的商业金融机构申请按揭贷款购房，个人投资也开始投资金融市场，购买按揭债券。1913 年美联储的成立，也间接推动了美国房地产业的迅速发展。房地产金融市场的迅速发展加剧了美国房地产市场的分化，房地产投资或者投机活动盛行，低端住房市场投资减少，投机者趁机提高租金，进一步加剧了低收入者的住房问题。

不同于工业革命时期的英国，当时该国的工人阶级住房问题引发了广泛关注，美国的移民住房问题成为进步时期的重点关注内容。由于外国移民、西部发展和工业化等原因推动，大量单身男性移民涌入了美国城市。在美国中西部和西部，大量流浪工人无力负担房租，夜间临时投宿警察局成为当时主要的居住模式。在 19 世纪中后期，美国城市成立了警察局，并于 1856 年开始正式接纳无家可归者。19 世纪 80～90 年代，据估计，约有 20% 的美国家庭成员在警察局借宿过[②]。此外，美国的低收入工人主要租住在城市中心区的廉价出租房屋里，并于 19 世纪末期成为解决工人住房问题的主要方式（Schneider，1989[③]）。与英国工人阶级的住房问题一样，美国城市中心区的廉价出租房同样存在居住拥挤、卫生条件差的问题。

针对城市住房问题，奉行自由主义的美国社会主要依靠进步人士形成的民间组织提供的社会救助以及移民相互之间开展的互助运动。其中，最具代表性的有城市"定居救助之家"运动（Settlement House Movement）与移民群体互助会。19 世纪末，当时美国社会的进步主义者开展了"定居救助之家"运动，面向低收入群体提供各种社

① CHAMBERS J W . The Tyranny of Change：America in the Progressive Era，1890-1920[M]. Rutgers University Press，2000：10.

② 朱亚鹏 . 美国"进步时代"的住房问题及其启示 [J]. 公共行政评论，2009，2（5）：76-91，203-204.

③ SCHNEIDER J C. Homeless Men and Housing Policy in Urban America，1850-1920[J]. Urban Studies，1989，26（1）：90-99.

会服务，将住房不仅界定为单纯的居住问题，还试图进一步解决引发住房问题的物质和精神因素。除了在思想层面上宣传动员、公众教育以外，进步主义者还积极推动政府对住房租赁市场进行规制，确立保障住房的基本标准。截至1917年，美国已有40个城市和11个州制定了房屋建筑方面的法律和条例，要求出租者为租客提供安全的住房条件（Bremner，1956[①]）。如1915年，马萨诸塞州通过了一项宪法修正案，允许州政府建立公共住房，1901年纽约市也发布了《廉租住房法》（Tenement House Law），为全国住房改革措施设定了标准，将政府干预引入国内的住房市场。

此外，进步主义者基于对住房问题的不同理解，也相应提出了不同的解决方案，主要可归纳为两种观点：维勒等人认为当时的主要住房问题是经济增长、城镇化和移民潮引发的低收入阶层绝对住房条件差的问题，主要通过政府规制出租房屋质量、标准，或者向低收入者提供住房加以解决；卡罗尔·阿罗诺维等人则认为贫民窟现象不是根本的住房问题，本质在于邻里与社区环境较差，存在较大改善空间。因此，他提出要通过社区规划，进而推动宜居社区、提高住房质量[②]。

三、20世纪20～80年代：魏玛共和国的"住房统制阶段"

早在19世纪40年代，工业化与城市化在德意志境内全面兴起，人口流动与城市更新使得大众住房短缺现象逐渐浮出水面。工矿企业的"工厂住宅"兴起，工人阶级的居住条件在20世纪初得到了显著改善，但是工人居住条件的改善大多是以"福利纪律化"来换取的，对工人阶级以外的社会群体作用有限。

第一次世界大战后期，德国出现了以军人复员潮、难民流动潮及战后结婚潮为代表的大规模人口流动和社会结构的改变，整个国家住房短缺的问题进一步突出。在首批德国军人归国后，加之战胜国提出的裁军计划，导致大量军人涌入德国大城市，城市内的学校等公共设施临时改建为安置点。同时，随着大量难民涌入首都柏林，也造成了该城市住房极度短缺的问题。此外，1919年德国的结婚人数相比战前增加了一倍，达到了85万人。住房短缺问题成为当时社会突出问题，复员军人对政府态度逐渐由失望转向不满；难民的大量涌入引发了外来的德意志人对世代居于此的波兰裔居民产生仇恨；结婚潮带来了"婴儿潮"，但由于恶劣的住房条件，在柏林一些住房非常短缺的地区，在拥挤房内出生的婴幼儿夭折率达到了59%。战末以来，住房危机与新生共和国对政权合法性的要求，促进了德国政府直接介入住房市场并确立社会福利导向。

魏玛共和国制定的《魏玛宪法》第155条标志着居住权被纳入人民基本权利的范畴，住房政策的社会福利性质得以明确，通过对现房租赁调控，保护承租人权益，扩

① ROBERT H B. From the Depths: The Discovery of Poverty in the United Statesby [J]. Wisconsin Magazine of History，1956，40（4）：284-285.

② 朱亚鹏. 美国"进步时代"的住房问题及其启示 [J]. 公共行政评论，2009，2（5）：76-91，203-204.

大住房供给，来满足德国的住房需求。第一次世界大战结束后，德国从战争赔款到领土争议再到货币贬值，对社会稳定性造成了极为不利的影响。在此背景下，政府在租赁住房的调控方面被称为"住房统制经济"，即作为一种政府强力调控模式，各级政府都直接介入住房市场，对租赁双方和房屋进行双重管制[①]。

房屋局和租赁调解局是其中两个至关重要的部门。房屋局主要负责房源与房屋申请人的登记、管理和房屋分配，多方筹措房源，要求闲置房产的房主如实申报，采用"住房合理化"[②]的特殊安置手段将闲置房屋分配给登记在册的申请人。租赁调解局的工作范围更为广泛、介入程度也更深，主要业务为调节租赁关系、制定房租政府指导价。德国雇主协会联盟的统计显示：1922年，普通小户型房租支出占非技术工人工资的2.36%；1922年5月，一户柏林的邮局工作人员家庭净收入为3625马克，其食物开支为3162马克，房租则仅有60马克。

在住房建设的发展时期，受1924年新建住房建设机制重大调整的影响，当年第三部《国家税收紧急条例》宣布各州开征"通货膨胀补偿税"。由于它的课征对象是房租，因此也被称为"房租税"，其中部分资金组成了公共贷款，构成了1924～1934年间公共住房建设的最主要资金来源。其利率和债率一般仅为3%、1%，而当时私人贷款的利率则为8.5%、10.5%。20世纪中期，德国出现了大量新建住房，从1924年的10.7万套增加到了1927年的31.7万余套。但是，随着1929年大萧条时代的来临，住房需求与新建住房供应量同时增长：一方面经济危机造成的失业率不断攀升，失业人口对房租的承受能力急剧下降，承担不起新建住房的房租；另一方面，1932年底，德国仍有15万套住房空置，绝大部分为新建住房。

魏玛共和国住房计划中断，根本原因在于政策转型。1930年3月上任的布吕宁政府开始执行紧缩财政、刺激经济的政策，在住房领域彻底取消政府干预住房市场。同时，在住房计划的政策设计中也始终面临国家资本短缺的硬约束条件，这与住房建设的资本密集属性存在天然矛盾。在政府部门大量筹措租赁房源的过程中，强调了对租客权益的保护与倾斜，也造成了房东利益的受损及一定意义上私人产权的被侵犯。但是，魏玛共和国住房计划中的政策目标及具体措施，仍然构成了后期德国住房租赁市场的重要制度来源。第二次世界大战后期的住房危机，也重启了"住房统制模式"，通过政府直接干预才解决了房源供给问题，租金管制、承租人权益保护也始终存在于战后重建期，并一直延续到当下。由此可见，20世纪20年代魏玛共和国住房计划存在有限性的同时，更多体现了先进性，奠定了后期德国将租赁作为主要居住方式的基础。

① 王琼颖.魏玛共和国社会福利住房政策的演变：1918-1931[J].历史教学问题，2018（1）：42-50，139.
② 地方政府强制征收房屋（尤其是豪华住宅）中"尚未被利用"的部分。

四、20世纪90年代～20世纪末：中东欧住房政策空间位移的失效

20世纪80年代，西方主要国家进入了住房"私有化浪潮"。由于公共住房规模大、租金水平远低于市场价格，造成了政府财政支出过大、公共资源浪费、分配不公平等问题，对房地产市场也产生了负面影响，破坏了现有的市场调节机制。以英国为例，撒切尔政府上台后，摒弃了失灵的凯恩斯主义，转而奉行货币主义，面对"工资刚性"造成的通货膨胀，只有通过限制福利、减少税收，进而强化公司实现利润的目标。因此，撒切尔政府的私有化政策也广泛涉及经济领域，后期也扩展到社会福利领域。其中，公共住房是最早实行私有化的福利项目，大量出售公房的同时，还采取法律、财政、税收调节等辅助性措施，以促进住房领域的市场化。西方主要国家的私有化浪潮也影响到了刚经历社会制度快速转型的中东欧国家。

第二次世界大战后，中东欧大多数国家逐渐用社会主义方式的纯国家保障制度替代了俾斯麦式的付费保障制度。转型前，东欧前社会主义国家的住房体系具有高度中央计划经济的特征，具体表现为：通过政府和合作储蓄银行直接控制住房投资、消费和补贴；排斥私人住房形式和市场机制，间接控制居民收入[1]，以低价格的食物和住房来实现以低工资为特点的社会主义工业体系的运作[2]。随着20世纪80年代后期政治改革的开始，中东欧国家也开始了以大规模快速私有化的公共租赁住房和住房责任去中央化为特点的住房改革。

20世纪90年代，中东欧国家住房改革启动，当时的改革初衷从根本上来看是中东欧国家寻求扭转生产、分配和消费的不平衡，试图让低价私有化的且无负债的住房资产成为"休克疗法"（shock-absorber）[3]的缓冲器，帮助居民在经济重建过程中应对失业、物价上涨和收入下降等问题（应对失业这点与魏玛共和国时期公共住房改革的出发点具有很高的相似性，这表明了公共住房供给还具有宏观调控的功能，降低失业率）。对外，为了符合国际组织和欧盟制定的市场规则，寻求融入欧盟经济体，中东欧各国的住房部门先后受到了国际货币基金组织、世界银行、联合国和欧盟等外部因素的强力干预。其中，"住房私有化模型"（Housing Privatization Model）也是受西欧和美国盛行的新自由主义意识形态的影响，以及来自国际组织贷款制约的结果。

20世纪90年代前期，中东欧国家进行了第一阶段的住房改革。这一阶段是以快速和大规模的住房产权转型为特点，住房成为平复社会不满的途径。在住房产权私有

---

① ZAVISCA, JANE. Property without Markets: Housing Policy and Politics in Post-Soviet Russia, 1992–2007[J]. Comparative European Politics, 2008, 6（3）: 365-386.

② LOWE S. The housing debate[M].Bristol: The Policy Press, 2011: 31.

③ DANIELL, JENNIFER, STRUYK, RAYMOND. The Evolving Housing Market in Moscow: Indicators of Housing Reform[J]. Urban Studies, 1997, 34（2）: 235-254.

化的过程中主要采取了以下五种形式或途径[①]。一是将 20 世纪 50 年代以前建造的旧房归还（或者偿还）给原房屋所有权人，每个国家均规定了 2~3 年的归还申请时间。二是合作住房私有化，以前捷克斯洛伐克和波兰为典型，先后于 1992 年、1993 年通过法律，允许合作住房的居住者在支付一定比例的合作住房债务的情况下，可申请其所住套房的所有权。三是将政府的公有住房进行出售，以波罗的海三国为例，家庭可用政府提供的担保购买其现在所租住的住房。在租金水平长期低于市场的情况下，为了提高购买积极性，大多东欧国家采取了低价出售公房的政策。然而，前民主德国是唯一采取高价出售政策的国家[②]。四是通过买断雇员工龄、政府投资资金股份化等方式，将建筑和维修企业私有化。五是建立法律、金融体系，为私有化提供保障。在斯洛文尼亚，国家住宅银行建立，资金来源于政府公房的销售收入，该银行的主要职能在于提供购房贷款；1989 年保加利亚所有银行也被允许提供住房抵押贷款。

20 世纪 90 年代后期，中东欧住房改革进入了第二阶段。这一阶段聚焦于西欧国家的政策移植，从相关机构、法律、财政、金融体系等方面进行长期调整，促进住房体系向资本主义下的市场经济稳定模式过渡，并且最终建立类似西欧国家成熟的住房市场[③]。其中，中东欧转型国家分别移植了英国的剩余住房模式和欧洲大陆国家的一般住房模式。前者的典型国家有匈牙利、罗马尼亚和斯洛文尼亚等大部分中东欧转型国家，这些国家的住房自有率在 90% 左右，租赁住房只占 5% 左右，是"超级住房自有社会"。公共住房由地方政府供给，仅面向弱势群体，体现了剩余化模式的特点。后者的典型国家有捷克、波兰和斯洛伐克三个国家，住房私有化进程相对缓慢，住房自有率在 70%~80%，而租赁住房占比保持在了 10% 以上。同时，在房源筹措方面强调多渠道保障，且覆盖到中等收入群体，体现出了一般模式的特点。

中东欧国家陷入两种体制（旧的政府主导型体制和新的市场主导型体制）的夹击中，然而两者均未有效地发挥作用。在政策空间位移的过程中，由于中东欧国家政府缺少自主和持续的住房意识形态，对政策进行机械化的移植，使得政策内容更多表现为短期内住房自有化率的提高。此外，金融市场的"信贷歧视"及住房市场的运作机制缺乏，即私人住房租赁市场难以发展，成为数量不足、质量低下、非正规且完全逐利的"自由"市场，公共住房未能发挥安全网的作用，轮候人数过多且呈现停留状态。最终，中东欧住房政策失效，具体表现为：住房市场不稳定、金融市场不发达、购房困难加剧以及居住条件恶化。2008 年金融危机冲击下，由于中东欧金融资本市场对欧

---

① 张贯一，易仁川 . 东欧国家住房体制的变迁 [J]. 东欧中亚研究，1997（4）：68-72.
② 该政策的前提在于德国政府的基金使得现存的公有出租住房在出售以前能够得到维修或者翻新。
③ 聂晨 . 比较视野下中东欧转型国家住房政策移植失灵的表现、成因和启示 [J]. 东北师大学报（哲学社会科学版），2020（5）：80-90.

洲资本市场的高度依赖，中东欧住房部门出现了政策崩溃（policy collapse）^①。

五、21 世纪以来：全球化背景下亚洲新兴经济体——以印度为例

2004 年以后，印度的经济步入了全球化和私有化时期，主要由私营部门引导，以服务业为导向，以城市为主导。政府通过将政策聚焦于基础设施发展，以提高印度在全球竞争力中的吸引力与竞争力。近年来，印度的人口结构也发生了显著变迁，截至 2022 年末，印度的总人口达到了 14.17 亿，是全世界人口第一多的国家。当前，印度的城市人口为 3.77 亿，分布在 7933 个城市中心，其中人口超过 100 万人的有 53 个城市，另有 3 个特大城市，分别为：孟买、德里和加尔各答。

2002 年，在全球化背景下印度发布了"尼赫鲁全国城市复兴计划"（Jawaharlal Nehru National Urban Renewal Mission，JNNURM），拟通过修改法律突破土地开发限制，使住房产权制度更为正规化，同时也在地方层面健全有效的治理结构。在具体措施方面，主要有：对城市贫困人口提供住房补助，改善和治理贫民窟环境，并选定 65 个住房问题较为突出的城市进行基础设施及服务整治，重点是建立完善城市基础设施及服务的供给机制，更多地发挥多种社会资源的作用，实现城市住房建设的可持续发展^②。然而，该方案内容是呈现碎片化的，主要体现在不同部分的内容是由中央政府不同部门管理，地方层面的执行也是各自为政，地方政府缺乏动力通过金融市场借贷、使用者付费、城市土地货币化、房产税等方式进行融资^③，面对土地与资金的双重约束，该住房计划影响非常有限。

在印度，贫富分化是一个显著的社会现象。居民中收入最高的 10% 的人口在全体国民收入中所占的份额超过了 50%，占据了全部个人收入增长额的 2/3^④。从制度原因来看，印度 3000 年的种姓制度作为一种以种族为基础的社会等级制度，规定了各等级成员的地位及其所应遵循的权利和义务，造成了社会阶层的固化，是造成贫富分化的根本性原因。同时，在全球化背景下，印度凭借劳动力成本低廉的优势，经济得以快速增长。然而，全球化带来的利益分配通常是不平均的，鉴于劳动力要素流动性的提高，很多原本处于弱势的劳动力失去了稳定的工作和收入，进一步加剧了印度的贫富差距。

在贫富分化加剧的背景下，租赁住房与非正规住房（如：贫民窟）成为社会中低收入群体的主要居住途径。以孟买为例，作为印度重要的商业金融中心，其社会贫富特征更为显著，立体的摩天大楼和五星级宾馆被水平蔓延的贫民窟重重包围。2010 年

① PCCHLER-MILANVOVICH N. Urban housing markets in central and eastern Europe: convergence, divergence or policy collapse[J]. International Journal of Housing Policy, 2001, 1（2）: 145-187.

② 王英 . 印度城市居住贫困及其贫民窟治理：以孟买为例 [J]. 国际城市规划，2012，27（4）: 50-57.

③ 吉野直行，马蒂亚斯·赫布尔 . 亚洲新兴经济体的住房挑战：政策选择与解决方案 [M]. 严荣，译 . 北京：社会科学文献出版社，2017: 239-243.

④ 同②。

开始，孟买也启动了新一轮的贫民窟改造计划，尝试通过扩大原有用地范围，建设高层住宅集中居住，利用其余用地建造商业、办公、生活配套设施，然而，由于改造计划方案与程序的不透明，导致民众意愿并不高。

在住房租赁市场方面，受全球化影响，加之 2008 年金融危机以后，资本开始更多地关注与流向亚洲新兴经济体，在印度，国际资本更多参与到了住房租赁市场中。整体上，印度租赁住房市场呈现出供给不足、需求普遍的特征。

从供给侧来看，受法律关于租金价格的限制、租金收益率低的影响，印度个体房东出租意愿不强，且当地也还没有专业化的租赁管理公司（Rental Management Companies，RMC），因此，住房租赁市场供给短缺的问题较为突出。其中，以《租金管制法案》（Rent Control Acts，RCAs）为例，该方案在 1918 年颁布于孟买，在 20 世纪 90 年代全球解除租金管制的风潮中，印度也未有实质性放松租金管制的措施。源于第二次世界大战时期的租金管制政策在印度大部分地区被保留了下来，并且不断修订并实施至今。通过实施租金管制，缓和了住房租金在自由市场不断攀升的趋势，同时也保证了低收入人群的居住问题。标准租金的确定和调整是租金管制政策的核心内容。关于标准租金，法案规定为房屋成本的 10%，房屋成本是指土地当年年初的市场价格与建筑成本之和。按照标准租金确定后，每隔 3 年可以根据各邦政府制定的标准进行调整，其中个别邦建议将租金调整期间设定在 5 ~ 7 年[①]。严苛的租金价格与调整期限的规定，造成了部分房屋业主的租金不足以覆盖房屋维修与税收成本。

从需求侧来看，城市化进程中出现的城乡移民是住房租赁市场的重要构成内容。印度的城市化水平相较参与全球化的进程来看，略显"滞后"。2007 年城市化水平为29.91%，2019 年城镇人口比例为 34%[②]。二战后，印度大学数量急剧增加，截至 2020年，印度以拥有 8410 所大学成为全球大学数量最多的国家，而美国以 5762 所大学位于全球第二。因而，印度大学生群体数量规模也较大，2017 年达到了 3600 万人，而单个高校供应宿舍的数量仅够千人居住，绝大多数高校学生存在住房租赁需求。基于此，每年都有数万名新生进入新德里的住房租赁市场，以期在学校周边找到合适的住房。

当前，印度的城市化仍处于相对较低的水平，全球化背景下，近年来印度的城镇化率有望进一步提升。在城镇化背景下，加之社会贫富差距加大，房价不断攀升，住房租赁市场呈现快速发展态势。因此，尽管住房租赁市场当前尚未形成体系，法律法规及配套政策支持也尚在建立过程中，但是近年来已经有更多的国际资本进入印度住房租赁市场。

---

① 包振宇.印度的租金管制政策 [J]. 上海房地，2012（5）：49-50.
② 数据来源：世界银行。

第二节　境外典型城市住房租赁市场现状及特征

发达国家的住房租赁市场发展起步较早，成熟度较高，相关的法律制度也较为完善。为更深入了解发达国家城市住房租赁市场的发展情况，下文将梳理境外主要典型城市（具体为：纽约、伦敦、柏林、东京和首尔）住房租赁市场的发展现状。

一、境外典型住房租赁市场的现状

境外主要城市住房租赁市场普遍较为发达，租赁住房占比较高。纽约、伦敦、柏林、东京和首尔五个城市中，租赁住房占住房总数比重最高的城市为柏林，高达89%，其次分别为纽约、首尔和东京，伦敦租赁住房占比最低，为47%，如表2-1所示。

境外主要城市租赁市场总体情况　　　　　　　　　　　　　　表2-1

城市	租赁市场规模（万套）	租赁住房占比	租赁住房类型
纽约	211.6	61%	市场化的私人机构提供的租赁住房；政府提供的保障性租赁住房（可负担性住房、公共住房等）；非营利性机构提供的租赁住房
伦敦	161.51	47%	私人出租住房、登记的社会房东出租住房、地方政府出租住房
柏林	174.2	89%	市场化租赁住房、社会租赁住房
东京	355.3	52.2%	公营住宅、都市再生机构住宅、公社住宅、私人住宅、员工宿舍
首尔	160	57.3%	市场化租赁住房、公共租赁住房、社会租赁住房

数据来源：境外官方统计机构

境外主要城市建立了较为完善的住房租赁体系，成为住房体系中重要的一部分。从供应体系来看，各城市租赁住房主要由市场化租赁住房和保障性租赁住房两大类构成，并以市场化租赁住房为主。如表2-2所示，五个城市中，纽约市场化租赁住房占租赁住房总量的比重最高，超过90%，东京市场化租赁住房占比超80%，伦敦占比超50%。从供应主体来看，主要包括个人、开发商、租赁机构和政府等；其中，柏林租赁机构持有住房的比重为28.5%，东京的租赁住房供应以私人房东为主，纽约以专业化的公寓出租企业为主。从需求结构来看，各城市租赁市场的主要服务对象基本都以中低收入群体为主，租客的年龄结构以中青年群体为主。市场化租赁住房和保障性租赁住房的租房群体又有所差异，例如伦敦的社会租赁租户基本上为中低收入阶层，私人租赁住房的承租户收入较高。

根据 numbeo 网站的数据，境外主要城市中，以 2021 年数据为例，套均租金最高的城市为纽约，其次为伦敦，最低的为首尔。租金收入比最高的城市为伦敦，其次为纽约。租售比最高的城市为首尔，中心城区和郊区租售比分别为 94.1 和 75。如表 2-3 所示。

境外主要城市租赁市场结构　　　　　　　　　表 2-2

城市	租赁住房类型		占租赁住房总量的比重	占住宅总量的比重
纽约	市场化租赁住房	完全市场	80.0%	50.4%
		政府补贴	11.7%	7.4%
	公共租赁住房		8.3%	5.2%
伦敦	市场化租赁住房		54.0%	27.0%
	社会租赁住房		46.0%	23.0%
柏林	市场化租赁住房	私人出租	65.9%	58.9%
		租赁机构	28.5%	25.4%
	社会租赁住房		5.6%	5.0%
东京	市场化租赁住房		81.5%	42.5%
	保障性租赁住房	公营住宅	7.4%	3.9%
		都市再生机构和公社住宅	6.2%	3.2%
	员工宿舍		4.9%	2.6%
首尔	市场化租赁住房	传贳	45.6%	26.1%
		月贳 押金月贳	43.2%	24.7%
		无押金月贳	5.9%	3.4%

2021 年境外主要城市租金情况　　　　　　　　　表 2-3

城市	租金（美元 / 套）		租金收入比[①]		租售比	
	中心城区	郊区	中心城区	郊区	中心城区	郊区
纽约	3793.47	2380.18	0.63	0.40	21.7	17.2
伦敦	2434.21	1730.22	0.67	0.48	30.9	21.7
柏林	1370.02	957.84	0.43	0.30	29	26.6
东京	1107.7	637.3	0.41	0.24	36.4	39.4
首尔	756.4	584.87	0.29	0.22	94.1	75

数据来源：numbeo 网站

　　境外主要城市由于城市发展情况、住房租赁的相关制度和政策倾向不同，导致住房租赁市场的发育程度及其专业化、规模化程度存在较大差异，但各地都注重于租赁市场的扶持和发展，主要体现在金融、税收和租房补贴等方面，如表 2-4 所示。

　　境外主要城市对租赁市场的监管体现在：通过在租赁相关法律中对承租人权益保护、租约和租金等内容进行规定和管制，定期发布租赁价格指数，监测租赁市场运行情况等方面，如表 2-5 所示。

---

① numbeo 网站通过计算各城市月租金数据和个人月平均净工资（税后）的比值，得出租金收入比。与采用月租金占家庭月均收入比值确定租金收入比的方法相比，计算结果可能偏大一倍。

境外主要城市扶持政策 表 2-4

城市	金融政策	税收政策	租房补贴
纽约	通过提供利息补贴的方式鼓励私人开发商或非营利性机构参与公共住房建设与供应	"低收入住房税费返还"（LIHTC）项目，开发商、非营利机构等不同供应主体开发可负担住房可获得高额税费返还	主要包括住房券计划和租金资助计划。住房券计划为政府负担合理市场租金与家庭收入30%的差额；租金资助计划为向房租超过家庭收入25%的低收入家庭提供合理补贴
	纽约政府对承担可负担租赁住房建设的机构提供直接贷款或贷款担保支持	REITs 税收优惠，包括穿透性税收优惠	
	发展社区土地信托，为土地信托提供资金支持	出租收益的个人所得税减免	
伦敦	大力发展租赁 REITs，并设定相关监管机制	政府援助（state aid）主要是向住房供应者们（土地所有者、房屋建造商、发展商和房东等）提供财政补贴，或者通过改变税率改善供应者的税收状况，以鼓励他们的住房建设	向低收入居民发放房租补贴。补贴的基本原则：租户在支付房租后的收入不应低于社会补助收入的水平
柏林	柏林投资银行为私人投资者提供长达20年的固定利率贷款和最高的贷款额度；并为住房合作社提供免息贷款	所得税和公司税的折旧扣除	每个租赁居住的自然人、居住在自有住房的自然人、符合条件的外籍人员等均拥有住房补贴权。租金补贴按照家庭人口、税后收入及租金水平计算发放。补贴期一般为12个月
		资本收益的免税制度	
		建造出租房享受高折旧率、高税收优惠以及免征10年地产税	
		通过提高折旧率，对租赁住房的业主给予税收减免	
东京	发展房地产证券化，促进机构建设租赁住房融资	对住房租赁免征消费税，并适当降低继承税	对年轻家庭实施租房补贴，企业为员工提供宿舍或租金补贴
首尔	韩国住房银行等商业性金融机构主要发放租赁用房开发贷款。而国民住宅基金、韩国住房金融公司等住房政策性金融机构，主要通过政策性资金的期限、价格优惠，为公共租赁住房建设提供支持，并为商业性金融机构提供流动性支持		2015年为了减轻中低收入群体租金负担且确保达到最小住房标准，首尔市基于家庭收入、租金、家庭规模向租户发放现金补贴

境外主要城市租赁市场监管措施 表 2-5

城市	承租人保护	租约管制	租金管制	租赁价格指数
纽约	在没有驱逐令或其他法院命令的情况下，房东驱逐或试图驱逐租户，是涉及非法驱逐的行为；延长驱逐令执行等待期（从6天延长至14天）；禁止租赁机构共享租客黑名单	如果房东计划上涨租金超过5%或不打算续租，须向租客发出通知书；房东最多收取一个月的租金，在租约结束前14天主动向租户返还押金；租户迟交租金5天后房东才能收取滞纳金，并且不能超过50美元或租金的5%（以较低者为准）	限制因住房条件改善而产生的租金上涨幅度，设立上涨年限	房地产估价公司Zillow根据每个县或州最近的租赁列表，计算方法为3个月移动平均的方法，发布周期为月度

续表

城市	承租人保护	租约管制	租金管制	租赁价格指数
伦敦	必须根据租约合同进行交易，房东不得在未经允许的情况下提前收回房屋，租客不得未经同意转租等	租户有权继续以原有的租赁条件承租房屋，双方自动成立法定租赁合同关系，其条款仍然是当事人之前订立的合同条款。收回住房须得到法院支持，否则拥有法定续租权	对于固定租期的租约，房东不能随意调涨租金，除非获得租客的同意（或者租约上有相关的加租条款），或者租期结束后。对于周期性租期（Periodic Tenancy）房东有权调整租金	英国统计局根据官方调查数据、估价署、各地政府及租赁办公室的数据，通过加权平均法计算，发布周期为月度
柏林	出租人仅在对使用租赁关系的终止有正当利益时（如租客违约、房东有自用需求或改造升级需求），才能通知终止。不得以提高租金为目的而通知终止	租房合同分为有限期和无限期两种，通常以无限期租约为主。无限期合同保证承租人能长久租住一处房产，若终止合同必须提前几个月通知对方。除特殊情况外不允许房东主动收回房屋	《柏林住房租金限制法》规定，2014年前建造的租赁住房，未来五年内房租不准上涨。缔结新租赁合同时冷租金额（即不含暖气费用）不能高于当地比较租金（租金价格指标）的10%	每两年由柏林参议院基于调查数据发布当地的租金指数，计算方法为回归分析法
东京	出租者有正当理由，提前半年告知承租者，或者在支付腾退金的情况下，才能令承租者退租；没有自住等正当理由，不能拒绝承租者续约的请求	双方可以选择签订普通租房合同和定期租房合同两种。普通租房合同无正当理由且未提前告知的情况下，不得解除租约；定期租房合同到期，契约自动终止，如果双方在租期和租金上达成一致才能续约	不可在租赁中途调整租金，一般是在两年期满后才可以调整租金	总务省、不动产研究所等6家机构基于不动产信息网（at home）成交的租金数据，通过特征价格法计算，发布周期为季度
首尔	抗辩权：在租赁关系存续期间，出租人将房屋转让第三人不得要求承租人返还房屋 优先受偿权：承租人可以从拍卖款中优先于后顺位权利人或一般债权人受偿	房屋租赁合同双方当事人没有约定租赁期限或约定的期限少于两年，一律视为其租赁期间为两年	房东上调房租的幅度不得超过现有租金的5%，地方政府可根据情况在5%的范围内制定本地租金上调幅度的上限	韩国国家统计局利用加权平均法对包括首尔市在内的17个一级行政区计算并发布租赁价格指数

二、境外租赁住房发展的一般性规律

租赁住房的供应作为住房福利制度的一部分内容，通常是与社会发展阶段联系在一起的。当住房被认为对政治和社会具有重要作用，住房福利政策也会涵盖绝大部分的人口，例如新加坡；当经济运行职能主导时，住房福利主要是以从事经济活动的群体为对象。自第一次工业革命以来，英国对工人阶级住房问题引起了高度重视；在20世纪60~70年代，香港的公共住房政策是以劳工家庭为主要对象；在20世纪50~90年代，日本则是采用了资助中产阶级为主的自置房屋政策[①]。

---

① 陈杰. 公共住房的未来：东西方的现状与趋势 [M]. 北京：中信出版社，2015：42.

（一）租赁住房来源于公民住房权利

租赁住房政策，作为国家住房制度的重要构成内容，体现了一个国家的住房福利模式。从本源上来看，影响住房政策的根本原因在于文化和政治环境。就社会模式构造而言，不同的住房政策制度塑造下的住房模式，在体现国家住房福利制度的同时，也反映了一个国家对于公民住房权利的基本价值判断。从世界范围来看，欧洲作为人类历史上第一个工业化大陆，英国最初的劳动者住宅是作为工厂配套设施而存在，是一种"生产资料"，反映了工业化进程中英国对工人住宅的态度，即解决工人阶级的基本需求，在基本生活需求得到保障后，参与到社会生产中。

与之形成鲜明对比的是新加坡。在"有恒产者有恒心"思想的影响下，新加坡自建国以来，以"居者有其屋"为目标，积极发展公共住房建设，形成了以公有住房为主、私有住房为辅的住房供应体系，至今，约81%的新加坡居民住在组屋中[①]。新加坡独立初期，种族纷争和宗教冲突动乱长达数十年，同时组屋的高层住宅格局造成了邻里关系冷漠。因此，新加坡政府开始重视社区治理工作。在新加坡，政府将居民的居住权利赋予了更多的内容，将组屋更多地与社区生活联系在一起，强化社区教育、生活、文化配套。

（二）租赁住房政策与经济社会发展存在联动性

租赁住房政策在解决保障群体基本居住问题的基础上，通常还承担着经济平衡、通胀治理、社会和解、社区融合的多元化任务。住房销售市场存在着居住、投资的双重属性，然而，在住房租赁市场，则大部分为真实的居住需求。因此，租赁住房政策的根本出发点是为了解决工人阶级、低收入群体、无家可归者、移民等居住需求。然而，租赁住房政策在解决人类基本居住需求的同时，也承担着更为多元化、复杂化的发展目标。

新建的租赁住房属于住宅建设行业，该行业通常被政府作为平衡经济及治理通货膨胀、解决就业的一大砝码。这也就解释了为什么第二次世界大战后期，各国都着力发展租赁住房，在解决居住问题的同时，也希望通过发展住宅建设行业，提振国内经济、降低失业率。

德国将租赁住房作为"社会和解"的重要方式。德国的租赁住房制度是以社会合作模式为特点的欧洲大陆法团模式，非营利住房合作社住房、社会住房形成了德国住房租赁市场的重要供给渠道，同时租赁协会法团也对私人出租住房进行价格监管，缓解了住房价格上涨，同时也通过政府干预达到了"社会和解"，挽救了社会绝望[②]。其中，法团主义的思想溯源可以归于欧洲天主教义和民族主义的结合，社会理论则来自社会有机体论。该理论强调社会作为一个结合整体，必须是和谐团结的，个体对民族

① 吴佳，何树全.社会政策视角下的新加坡住房体系：兼论住房问题的社会属性 [J].科学发展，2020（7）：103-112.
② 余南平.世界住房模式比较研究：以欧美亚为例 [M].上海：上海人民出版社，2011：6.

利益需要服从和牺牲。在德国的租赁住房制度下，社会形成了多渠道供给租赁住房的运行机制，政府通过租金管制和租客权益的保护，保障了公民的基本居住权益。

此外，居住隔离的问题在信奉自由主义的美国也日益突出。个人主义、自由主义、对政府不信任也进一步反映到了美国租赁住房制度上，始终强调通过市场机制解决住房问题。尽管通过对低收入群体发放住房券、货币补贴等方式解决部分住房问题，然而更多的仍是采用市场激励机制促进私人市场提供更多的住房。自 2008 年金融危机以来，低收入家庭、妇女、少数民族、单亲家庭的居住困难日益明显：一方面公共住房数量不足、准入门槛设置严苛，将居住困难群体挤出保障市场，被迫进入私人住房市场，加剧住房消费支出负担，形成路径依赖与恶性循环；另一方面，上述弱势群体所在社区也形成了居住隔离，社区治安、教育、公共配套设施、就业机会等方面均存在问题。此外，老龄人口、单亲家庭也更多地借助于房车、教会提供的夜宿等各种非正式的居住形式，《无依之地》《扫地出门》等相关影片、书籍也对美国社会愈演愈烈的住房危机有着形象描述。

（三）租赁住房政策目标群体呈现差异化

在不同的社会历史发展阶段，租赁住房的政策发展目标也存在显著的差异性，这也是由宏观环境背景所决定的。从目标保障群体来看，从基于二元化、单一化的租赁住房模式来看，总体上可分为仅覆盖低收入群体的"剩余模式"以及覆盖中低收入群体的"普惠模式"。

然而，从历史演进的视角来看，政策发展目标人群存在显著差异。在 18 世纪下半叶到 19 世纪初，英国租赁住房发展目标人群以工人阶级为主；19 世纪 20 年代，处于"进步时代"的美国对移民群体住房问题的处理在社会进步者中引起了广泛关注；第二次世界大战后，德国面对国内国外的双重压力，最初租赁住房政策的主要考虑对象则是退伍军人；20 世纪 90 年代，东欧发生剧变，住房市场随之也开展了改革，带来了超高的住房自有率，随之将租赁住房保障对象界定为极低收入家庭；自 21 世纪以来，在全球化背景下，印度将住房保障工作与贫民窟治理、基础设施配套相融合，在社会贫富分化过大的情境下，造成了租赁住房对象规模过于庞大的问题。由此可见，在不同的社会背景下，国家在租赁住房政策的干预过程中，通常是先聚焦一部分最先迫切需要解决住房问题的人群，随后，随着制度政策的建立与完善，再将覆盖面扩大。

第三节　境外租赁住房发展的经验借鉴

一、确立住房租赁法律法规，完善顶层制度设计

法律是一切行为规范的总和，指导整个住房租赁市场的发展。境外主要城市都非

常注重运用法律手段来规范住房租赁市场，通过在法律中专门设置针对住房租赁的部分，或针对住房租赁进行专项立法，为规范住房租赁市场奠定了法律基础。一般来说，住房租赁市场很多问题源于市场失灵而导致的信息不对称，承租人在房源信息等方面相较于出租人处于劣势地位。从部分大陆法系与英美法系国家与地区关于住房租赁的立法精神可以看出，由于住房租赁的特殊性质，其立法往往更多地向住房实际占有人即承租人倾斜。发达国家（地区）的法律在承租人权益保障方面侧重把控租金与租住环节，此外，还包括"买卖不破租赁"制度、承租人的优先购买权以及承租人权利物权化等。

以租约终止保护制度为例，对于承租人而言，拥有住房是维护生存与发展权的重要方面，终止租赁合同会使承租人及其家庭在心理与生理上面临着困境。保护承租人权益的重要方面在于保持租赁关系的稳定性与持续性。为此，发达国家（地区）的法律在限制出租人任意终止住房租赁合同方面有明确的规范，形成了"租约终止保护制度"。《德国民法典》第573条规定，禁止出租人以提高租金为目的而通知终止。出租人在确有正当诉求（包括租客违约、房东有自用需求或改造升级需求等）的情况下，才能通知终止。即使如此，承租人可以利用《德国民法典》第574条规定的"终止异议权"向出租人请求延续租赁关系。日本《借地借家法》第28条规定通知终止房屋租约时，除房屋的出租人必须使用房屋的情形外，不得解约。

目前，法律赋予管理部门的管理权限仅限于对违反条例规定的出租或转租行为等客体方面，对于住房租赁的主体管理和行为管理都未涉及，导致管理部门无法直接介入且缺乏有效的管理抓手。目前存在的突出问题：一是，住房租赁管理与人口住房管理无法紧密衔接；二是，对出现的新情况、新问题，无法及时提出有效的应对举措，如"群租"现象。因此，加强制定租赁住房法律法规条例，优化完善顶层设计，不仅能够规范住房租赁市场秩序，促进住房租赁市场发展，而且对保护公民合法权益，创建良好社会治安环境都具有十分重要的意义。应明确住房租赁登记后可享受的权利，如对稳定合法居住和就业的承租家庭给予应有的教育、医疗卫生等方面的公共服务享受权。规范对住房租赁关系或转租行为进行登记的内容，如所有权人情况、租金数额、租金支付时间、可否转租、押金和相关服务等。另外，应进一步明确住房租赁平台的法律地位和功能定位，加强信息平台建设，充分发挥平台的交易服务、行业监管和市场监测作用。

二、健全租赁市场监测体系，定期发布租赁价格指数

房屋租赁价格指数，是一套反映城市房屋价格变化轨迹和发展趋势的指标体系。它的建立对于解决房屋租赁信息零散、失真和信息的不对称问题，活跃房地产租赁市场和其他相关市场，规范房屋管理行为，引导房地产业健康发展都具有重要意义。目前，

我国一些社会机构和经纪机构已经开始发布租赁价格指数，但是，已发布的指数存在方法不科学、数据不全面、更新不及时、社会影响力不足等问题，不能够为租赁市场的健康发展提供科学的支撑。没有基础数据，会导致住房租赁行业无法对市场有较为准确的把握，增加不确定性，影响行业发展的积极性。上文所涉及的五个典型境外城市（纽约、伦敦、柏林、东京和首尔）均定期由政府官方或权威机构发布住房租赁指数。由于计算指数的方法各不相同，所需的数据也存在较大差异。目前国际上通用的计算方法为移动平均法、加权平均法和特征价格法等，发布周期通常较短，除柏林为两年外，其他城市以月度和季度为主。

在初始租金水平确定方面，部分住房租赁市场欠发达地区，如俄罗斯大多采取由承租双方约定从而确定租金的方式。而住房租赁市场较为发达国家（地区）基本都拥有一套完整的住房租金体系编制制度。德国基层组织大多设有特定的住房管理机构，定期编制"租金价格表"，住房租赁市场的租金水平以此为基础确定，这一价格表通常每四年重新评估制定。值得注意的是，考虑到房屋质量、周边公共设施以及通胀等经济因素，承租双方可以在租金价格表的基础上约定以分级租金或指数租金等方式提租。美国的租金水平由两方面构成，包括基础租金与其增加的部分：前者大多是由各州房租管制处颁布，确定该州的基础租金水平；后者则依据特定方式，如自动增租、自由增租等方式确定与通胀水平相适应的增加部分。

租金监管是一把双刃剑，一方面能够防止房东恶意涨租，保护承租方利益；另一方面可能会打击住房出租人的积极性，导致租赁住房供给不足。很多国家特别是大陆法系的国家对租金有着较为严格的管控，如对租金涨幅加以管控，设定最高租金，规定涨租条件等。因此，在租金监管方面，建议加强住房租赁市场监测，着重对押金的监管，可在现有存量房交易资金监管账户下开设住房租赁押金监管子账户，分账核算、专款专用，避免随意克扣押金的行为，维护租赁双方的合法权益。

三、加强住房租赁市场监管，保障市场有序发展

在住房租赁市场监管方面，境外政府通常采用政府监管、行业自律和企业自治相结合的方式，能够充分调动各方参与管理的积极性，有助于各主体之间的优势互补，提高管理效率，完善监管体系。在具体管理措施中，发达国家对租赁市场的监管覆盖租赁住房供应和供后的全过程，对提高租赁住房新增和转化的量、租赁合同中租金拖欠和租赁期限、合理的房租以及租金涨幅、减少空置率等方面的具体措施都有详细的规定。管理手段多样，注重利用市场解决居民特别是低收入居民的居住问题，同时制定详细、清晰、可操作的管理条例和实施措施，对促进租赁市场发展的良性循环有重要作用。

在住房租赁经纪事务方面，发达国家与地区具有严格的市场准入制度，即住房租赁中介机构与中介从业人员市场准入制度。部分国家（地区）通过考试以及颁布牌照

制度来规范中介机构与从业人员行为。如德国、美国、我国的香港与台湾地区的法律均要求住房租赁中介机构须持有牌照。日本《不动产交易商业法》等法律要求成立房产中介机构须满足盈利性、专业人员足额以及交付保证金等要求。此外，部分国家（地区）要求中介从业人员需要通过专业的考试或职业培训才能从事经纪业务。德国、日本、美国以及我国的香港与台湾地区的法律都对此有所表述。

其中，房地产中介市场是房地产市场的重要组成部分，在促进房地产市场健康稳定发展中发挥着不可替代的作用。中介机构从业人员素质的高低则是决定中介机构服务水平和规范化程度的重要因素。目前，我国房地产中介市场还存在较多的乱象，从业人员的专业化水平较低，行业监管力度不够等。因此，建议在日常监管方面建立部门联动的监管机制，对房地产市场存在的违法违规行为及时发现、查处和制止，并建立统一的房地产经纪监管服务平台。加快行业自律组织建设，通过建立诚信档案和行业禁入制度，对中介从业人员进行约束；在法律中明确对经营活动中不当行为的惩罚措施。同时，借鉴房地产中介市场较为成熟的国家和地区的经验，要求房地产中介从业人员必须经过严格的职业培训，并由政府主管部门审核考试通过后，实行全员持证上岗。

四、注重住房租赁市场的扶持，发挥政策联动效应

加强完善金融、财税、货币补贴等优惠配套措施，加强对住房租赁市场主体扶持，形成政策合力，发挥政策联动效应。

金融扶持政策方面，在防范化解房地产市场风险的基础上，积极探索符合租赁市场融资需求的金融产品。金融是住房租赁市场发展的基本条件，金融体系能否为租赁住房投资经营者提供资金成本合理的长期资金，是影响住房租赁市场供给的关键。尽管当前我国在保租房融资支持方面持续发力，2022 年以来先后提出以发行公募 REITs 的形式扩大保租房投资，明确将保障性住房、市场化租赁住房纳入不动产私募投资基金的投资范围等；但总体上来看，由于投资回报率很低和缺乏制度框架，我国金融业对住房租赁市场的信贷支持较少，租赁企业融资较为困难。以 REITs 这一融资方式为例，据北大光华管理学院测算，资本化率达到 5% 时，可基本满足境内投资者对于 REITs 产品收益率的要求。然而，一线城市普通商品房资本化率已低至 2% 以下，公寓的租金稍高，资产价格也稍低，但资本化率仍然不能达到要求[①]。对此，后期可参考借鉴纽约、伦敦、柏林、东京和首尔五个境外城市主要的金融支持政策，包括由商业性金融机构和政府政策性住房金融机构提供长期低息或免息贷款、通过提供利息补贴的方式鼓励私人开发商或非营利性机构参与公共租赁住房建设与供应、由政府提供贷款担

---

① 北京大学光华管理学院. 中国租赁住房 REITs 市场发展研究 [R]. 北京：北京大学，2017.

保以及成立专项基金等手段。

税收扶持政策方面，加强税收支持是政府部门鼓励租赁住房供应者增加租赁住房投资的重要举措，有利于激励市场主体参与房屋租赁，从而增加供给。现有的税收制度使得租赁型住房开发经营业务面临较高的税率。境外租赁市场中运用的主要税收政策有税收优惠、税收减免、税收抵扣额度等。以美国为例，20 世纪 70 年代后，美国政府直接修建公共住房的做法逐渐被"税收抵免计划"（Low-Income Housing Tax Credit Program）替代。税收抵免计划是一项设计巧妙的制度安排，其本质是通过 PPP 模式，政府与社会资本合作开发住房项目。在具体操作中，有资格获得税收抵免的房地产项目必须提供不低于 20% 的租赁住房，其租金能够被收入不高于本地区平均收入 50% 的承租人承受；或者提供不低于 40% 的租赁住房，其租金能够被收入不高于本地区平均收入 60% 的承租人承受[①]。同时，美国为了进一步鼓励 REITs 发展，1960 年由艾森豪威尔总统签署的使 REITs 享受作为利润传递者的特殊税收条例（pass-through tax treatment）规定：每年将不低于 90% 的利润作为红利分配给股东，对剩余、未分配的利润征收公司税；以及美国 REITs 还享受穿透性税收优惠（pass-through tax treatment），即企业的收益与损失可以冲抵企业持有人的个人所得税应税收入，以避免双重征税的问题[②]。

此外，关于租赁住房的补贴，世界主要国家与地区的公共住房补贴方式主要有两种，即"砖头补贴"与"人头补贴"。到目前为止，世界的主要国家与地区都已经完成了由"砖头补贴"向"人头补贴"的转变，补贴对象为中低收入群体。各典型城市大多根据各个家庭的人口数量、收入水平等实际情况进行补贴，并确保租金支出不超过家庭收入一定比例。而货币补贴的资金通常由国家和地方政府共同承担，确保资金来源稳定充足。

①　孙杰，赵毅，王融. 美国、德国住房租赁市场研究及对中国的启示 [J]. 开发性金融研究，2017，12（2）：36.
②　崔霁. 全球及美国 REITs 发展经验及对我国的借鉴启示 [EB/OL]. https：//mp.weixin.qq.com/s/yxvqwzxrM8yS1-TQ7EfBnQ，2023-04-04/2023-04-07.

第三章

我国住房租赁市场发展历程

第一节　半殖民地半封建时期的住房租赁市场发展
（1840～1949 年）

1840 年的鸦片战争，结束了中国长期闭关自锁的状态，伴随着资本主义列强的入侵和商品经济的渗入，相继形成了一批新兴城市。城市的经济发展，创造了新的就业机会，大量人口的涌入带来了前所未有的住房需求。在此背景下，房地产业应运而生，在新兴的城市内部尤其是"租界"区域，也出现了早期的住房租赁市场。"近代中国城市房地产市场的最大量的交易形式，不是买卖，而是租赁。租赁交易往往占房地产市场交易次数的 80% 以上。"[①]

辛亥革命之后至全面抗日战争爆发之前，社会相对稳定，民族资本主义发展迅速，城市人口逐渐增多。在这一阶段，工人阶层由于受收入低、工作流动性大以及住房供应紧张等多种因素的影响，租赁住房成为解决居住问题的重要方式，房租也成了城市生活费用中重要的开支。表 3-1 是上海和其他（国家）城市工人房租在生活费中占比的比较[②]。

抗日战争之后，城市在战火之下遭受了严重的破坏。由于租界区不受战争影响，租界人口再次增加，住房、租房需求旺盛。而对于生活在城市中的普通百姓来说，因受到战事破坏，建筑活动减少、城市住房日益紧张，在供求关系的影响下，大多数市民无力承担整幢的租金，分租便随之产生；二房东现象在这样的背景下逐渐形成，成为当时租赁关系最复杂的一个问题。以上海为例，据典型调查，中华人民共和国成立前二房东超收租金一般为 430%～1400%。从"不必自出房租，或可所出较少"，到"一家生活全靠这幢房屋来解决"，这中间的剥削又进了一步[③]。类似情形在其他城市也多

---

① 赵津.中国城市房地产业史论：1840-1949[M].天津：南开大学出版社，1994.
② 参见王慰祖的《上海市房租之研究》。
③ 上海市政协文史资料委员会.上海文史资料选辑：第 64 辑 [M].上海：上海人民出版社，1990.

国别 / 城市	澳大利亚	日本东京	美国	德国柏林	英国	上海	印度孟买	意大利	埃及
调查时期（年）	1910-1911	1909	1918	1920	1920	1927-1929	1921	1914	1920
食品（%）	35.3	37.2	38.2	44.3	52.4	56.0	59.2	62.6	73.2
衣服（%）	12.7	7.3	16.6	21.2	19.5	9.4	14.4	10.2	11.5
房租（%）	15.5	16.0	13.4	2.7	6.8	8.3	3.4	13.2	5.5
燃料灯光（%）	4.0	6.1	5.3	7.0	6.4	7.5	—	7.3	—
杂项（%）	32.5	33.4	26.5	24.8	14.9	18.8	23	6.7	9.8

上海与其他国家（城市）工人生活费比较　　　表 3-1

有发生，"房租为北平家庭重要费用之一，其百分比，仅次于食品费与燃料费……北平自民国以来，以各方人民移居者多，房屋曾呈缺乏之象，房租增高，稍穷住户，多不得不移住郊外，或城内破烂不堪之房屋。因此企业家，遂趁机在城内空旷污秽之区，建造长列之房屋，以为劳工阶级之住所。是种房屋，当然体裁狭小，构造脆弱，然若全部出租，实足以饱房主之私囊。此种营业，在北平尚为一种新企业，非有良好市政府实行取缔，实为任何城市在发展上不可免之事实也。"[1] 可以看出，房租在生活费中占比较大，而且市场中出现了规模化的供应主体。

随着市场的发展，相应的管理规则也陆续出台。以在国内较早开始实施住房租赁规制的上海市为例，早在 1931 年上海市政府曾发布限制住房分租方法：（一）单幢（房屋）不得超过 3 户；（二）双幢不得超过 5 户；（三）三幢不得超过 6 户；（四）晒台、厨房不得改作住舍；（五）非经工务局许可，不得添盖阁楼。此项办法虽经核准公布，但仅是一纸公文，并未切实执行。抗战胜利以后，为了应对严重的"房荒"，试图缓和日趋激化的租赁纠纷，1945 年底公布了《上海市房屋租赁管理规则》，并根据实际情况于 1946 年作出修订。[2]

第二节　住房福利分配时代的公房租用
（中华人民共和国成立后至 20 世纪 80 年代初）

中华人民共和国成立后，我国在城镇地区逐步形成了住房福利分配制度。这种制度的主要特征是：单一产权、低租金、高补贴、福利分配、实物分配。在当时的城镇中，国家机关的工作人员和企事业单位的职工所住房屋均属于全民所有或集体所有，其产权形式是单一的公有制。中华人民共和国成立初期曾经制定以租养房的租金政策[3]。20

① 陶孟和.北平生活费之分析 [M].北京：商务印书馆，2012：66-67.
② 严荣.关于上海住房租赁规制史中一段史料的讨论 [J].上海房地，2022（2）：2-6.
③ 1948 年 12 月，中共中央发布《关于城市中公共房产问题的决定》。1952 年 5 月 24 日，内务部地政司印发《关于加强城市公有房地产管理的意见》（草稿），明确提出这一时期的公房管理方针是"统一管理，以租养房"，内有"（实行租赁制）一则限制房屋浪费，一则做到以租养房和建房。合理的租金标准应包括折旧金、维修费、管理费、房地产税和一定的利润。但实际征收要考虑群众的负担能力"。

世纪 50 年代末期，住公房的职工平均每户负担房租 2.1 元/月，平均占家庭收入的 2.4%，占本人工资的 3.2%。国家收回的租金一般只达到应收租金的 1/3 ~ 1/2。特别是租金水平没有随着职工收入和房屋成本的变化而调整，最终形成低租金、租不养房的局面[①]。

这种住房制度在特定的历史条件下曾经起到了积极的作用，保证了中华人民共和国成立初期城镇居民的基本生活条件，维护了城镇社会安定，与当时的计划经济体制相适应。但是，这种低租金福利制不能以租养房，加重了国家财政和企事业单位负担，不能实现住房建设的良性循环，无法从根本上解决城镇居民的住房问题。随着城市规模的发展和人口的增长，造成了我国城镇住房的严重短缺。

针对当时住房制度存在的突出矛盾，1980 年邓小平同志在谈话中提出："要联系房价调整房租，使人们考虑到买房合算，因此要研究逐步提高房租。房租太低，人们就不买房子了。繁华的市中心和偏僻地方的房子，交通方便地区和不方便地区的房子，城区和郊区的房子，租金应该有所不同。将来房租提高了，对低工资的职工要给予补贴。这些政策要联系起来考虑。"

随后，逐步展开了对城镇住房制度改革的探索，主要的措施是出售公房、提租发补贴、租售结合和以租促售。这个时期，市场化租赁住房尚未形成规模。

第三节　改革公房租用管理，加强管理法规建设
（20 世纪 80 年代初至 90 年代末）

这个阶段的住房租赁市场开始出现制度性的"二元化"，一方面是沿袭住房福利分配时代的城镇公房租用，另一方面是随着改革开放出现了私有房屋租赁。[②]

一、以调整公房租金为切入点推进城镇住房制度改革

1979 年，国家城市建设总局发布《关于重申制止降低公有住宅租金标准的通知》〔79〕城发房字 17 号，明确制止一些城市或单位以减轻职工负担或调整租金标准为由，任意降低公有住宅租金，减少房租收入。1986 年，国务院住房制度改革领导小组提出了"提高工资，变暗补为明补，变实物分配为货币分配，以提高租金促进售房"的整体房改思路。这个时期，住房补贴支出对财政的压力急剧增加。1988 年，住房补贴总额为 583.68 亿元，是 1978 年 47.15 亿元的 12.4 倍，而当年国家财政收入总额才 2587.82 亿元，当年财政赤字达到 80.49 亿元[③]。

20 世纪 90 年代初以后，加快了提高公房租金以推动城镇住房制度改革的步伐。

---

① 　参见周恩来在八届三中全会的《关于劳动工资和劳保福利的报告》。
② 　王微，等. 房地产市场平稳健康发展的基础性制度与长效机制研究 [M]. 北京：中国发展出版社，2018：106.
③ 　于思远，等. 房地产住房改革运作全书 [M]. 北京：中国建材工业出版社，1998：91.

1991 年，国务院发布《国务院关于继续积极稳妥地进行城镇住房制度改革的通知》国发〔1991〕30 号，要求合理调整现有公房租金，有计划有步骤地提高到成本租金。几个月后，国务院住房制度改革领导小组发布《关于全面推进城镇住房制度改革的意见》，明确提出要从改革公房低租金制度着手，将公房的实物福利分配制度逐步转变为货币工资分配制度。1994 年，国务院发布《国务院关于深化城镇住房制度改革的决定》国发〔1994〕43 号，要求积极推进租金改革，稳步出售公有住房。

1998 年国务院发布《国务院关于进一步深化城镇住房制度改革加快住房建设的通知》国发〔1998〕23 号，明确提出停止住房实物分配，逐步实行住房分配货币化；建立和完善以经济适用住房为主的多层次城镇住房供应体系；发展住房金融，培育和规范住房交易市场。由此，中国住房制度进入了全新的市场化时代。

二、逐步形成私有房屋租赁的管理法规

改革开放以后，大量务工人员涌入城市，尤其是经济特区和其他东部沿海城市。在当时的住房制度中，这些外来务工人员只能通过租赁方式解决居住问题。而且，由于当时城镇中大部分住房都是公有化住房[①]，可供外来务工人员租住的住房数量较为有限，因此，这些人员主要租赁郊区农民房屋、"城中村"房屋以及其他非居住房屋。随着房屋租赁市场不断发展，相关纠纷和矛盾日益凸显。为了规范房屋租赁市场，国家和一些沿海城市陆续出台了房屋租赁管理的相关规定。1983 年 12 月 17 日，为了加强对城市私有房屋的管理，保护房屋所有人和使用人的合法权益，发挥私有房屋的作用，国务院发布了《城市私有房屋管理条例》。其中，对私有房屋租赁从八个方面做出了规范，要求房屋租赁合同报房屋所在地房管机关备案，并且提出机关、团体、部队、企业事业单位不得租用或变相租用城市私有房屋。

由于特区和东部沿海城市面临大量外来人口的涌入，这些城市在房屋租赁方面遇到的问题更早、更紧迫，因此这些城市较早出台了有关房屋租赁管理方面的规范。1990 年 6 月，海南省海口市发布《关于海口市房屋租赁管理的暂行规定》，提出租赁合同要办理验证手续。该年 12 月，广东省深圳市发布《深圳特区房屋租赁管理规定》，要求房屋租赁实行核准登记制度，未经核准登记，不得擅自租赁房屋。

1995 年，公安部和建设部先后发布《租赁房屋治安管理规定》和《城市房屋租赁管理办法》，分别从治安管理和租赁关系管理对房屋租赁进行规范。

通过推行城镇住房制度改革，激活了住房市场，形成了以市场为主，满足多样化住房需求的局面，适应了建立社会主义市场经济体制的经济社会发展新形势。但是，

---

① 侯淅珉，应红，张亚平 . 为有广厦千万间：中国城镇住房制度的重大突破 [M]. 桂林：广西师范大学出版社，1999：11.

这段时期的政策框架以鼓励住房自有为主，对住房租赁市场的发展重视不够，导致"租购失衡"的局面不断被强化。

第四节　逐步形成租赁类保障房体系，规范住房租赁市场
（20 世纪 90 年代末至 2015 年）

这个阶段开始重视住房保障问题，由此，住房租赁体系形成了新的"二元化"，即保障性的租赁住房与市场化租赁住房。

一、逐步形成租赁类保障房体系

1998 年，《国务院关于进一步深化城镇住房制度改革加快住房建设的通知》国发〔1998〕23 号提出"对不同收入家庭实行不同的住房供应政策"：最低收入家庭租赁由政府或单位提供的廉租住房；中低收入家庭购买经济适用住房；其他收入高的家庭购买、租赁市场价商品住房。这是较早使用"廉租住房"名词的政策文件，标志着我国租赁型保障房的正式起步。1999 年，建设部以第 70 号令颁发《城镇廉租住房管理办法》，指导全国建立廉租住房制度。"廉租住房从实物配租开始起步，并从东部向西部发展。在廉租住房的发展过程中，一些城市在实践中不断总结经验，相继探索出租金补贴、租金核减以及房屋置换等多种形式。"①

2007 年，国务院在《国务院关于解决城市低收入家庭住房困难的若干意见》国发〔2007〕24 号提出，"加快建立健全以廉租住房制度为重点、多渠道解决城市低收入家庭住房困难的政策体系"。随后，建设部在《城镇最低收入家庭廉租住房管理办法》建设部令〔2003〕120 号的基础上出台了《廉租住房保障办法》建设部令〔2007〕162 号，主要从三个方面健全了廉租住房制度。首先，保障方式从实物配租为主转变为货币补贴和实物配租相结合，以货币补贴为主；其次，明确了以财政预算安排为主的资金来源，其他资金筹措渠道包括提取贷款风险准备金和管理费用后的住房公积金增值收益余额、土地出让净收益中安排的廉租住房保障资金、政府的廉租住房租金收入、社会捐赠及其他方式筹集的资金；最后，进一步明确了廉租住房的申请核准程序。

2010 年，在加强房地产市场调控与稳定市场预期的背景下，为完善住房供应体系，培育住房租赁市场，满足城市中等偏下收入家庭基本住房需求，住房和城乡建设部等七部委印发了《关于加快发展公共租赁住房的指导意见》建保〔2010〕87 号，指导全国探索公共租赁住房制度。2011 年，国务院办公厅出台《国务院办公厅关于保障性安

---

① 文林峰．中国住房保障发展现状 [M]// 满燕云，等．中国低收入住房：现状及政策设计．北京：商务印书馆，2011：187.

居工程建设和管理的指导意见》国办发〔2011〕45号，提出"大力推进以公共租赁住房为重点的保障性安居工程建设"，并且提出"逐步实现廉租住房与公共租赁住房统筹建设、并轨运行"。2012年，住房和城乡建设部发布《公共租赁住房管理办法》住建部令〔2012〕11号，对申请审核、轮候配租、使用与退出等方面做出了相应规范，基本奠定了公租房的管理制度基础。2013年，住房和城乡建设部会同财政部和国家发展改革委印发《住房城乡建设部 财政部 国家发展改革委关于公共租赁住房和廉租住房并轨运行的通知》建保〔2013〕178号，明确从2014年起，各地公租房和廉租房并轨运行，并轨后统称为公共租赁住房[①]。

二、进一步规范住房租赁市场

2010年12月，住房和城乡建设部出台《商品房屋租赁管理办法》，取代了15年前的《城市房屋租赁管理办法》。相关规定的调整主要体现在三个方面:鼓励房屋出租，将原来规定的九种不得出租的情形减少为四种（属于违法建筑、不符合安全和防灾等工程建设强制性标准、违反规定改变房屋使用性质、法律法规规定禁止出租的其他情形）;加强保护租赁当事人特别是承租人的权利，比如规定在房屋租赁合同期内，出租人不得单方随意提高租金;进一步明确出租人的义务，比如房屋维修、确保房屋安全、承租人合理使用房屋等义务。

但是，《商品房屋租赁管理办法》中的一些要求在住房租赁市场发展中没得到很好的贯彻落实。比如，规定房屋租赁合同在订立30日内应当去办理房屋租赁登记备案，但事实上各城市的租赁合同登记备案率较低。再比如，规定各地主管部门应当定期分区域公布不同类型房屋的市场租金水平等信息，也没有得到很好的落实，致使住房租赁市场的信息发布工作相对滞后。

通过建立由廉租住房和公共租赁住房组成的租赁型保障房体系，为城镇中低收入住房困难群体提供了保障选择。与此同时，开始探索对商品房租赁关系进行适当管理和规范，为住房租赁市场的发展奠定了基础。

由于租赁型保障房面向户籍人口，大量中等收入群体为了解决住房问题，只有选择到市场上购房。快速城镇化催生了大量住房需求，这个阶段大部分城市的房价呈快速上涨态势，进一步加强了城镇居民的购房意愿。在这样一个循环中，租赁市场被边缘化，租赁被视为一种过渡性甚至是无奈的选择。

---

① 根据《上海市发展公共租赁住房的实施意见》沪房规范〔2021〕5号本市公共租赁住房和廉租实物配租房源实行统筹建设、并轨运行、分类使用。公共租赁住房可按规定用于廉租住房实物配租。各区住房保障管理部门原筹措的存量廉租住房，可将产权转移给本区公共租赁住房运营机构，或者委托本区公共租赁住房运营机构实施租赁管理。

第五节　探索建立租购并举的住房制度，加快发展保障性租赁住房（2015 年至今）

一、政策大力支持，市场快速发展（2015~2018 年）

从 2015 年开始，发展住房租赁市场逐渐被提上政策议程，并且得到了越来越多的关注。2015 年，住房和城乡建设部发布《住房城乡建设部关于加快培育和发展住房租赁市场的指导意见》建房〔2015〕4 号，明确提出住房租赁市场发展还不能完全适应经济社会发展的需要，存在供应总量不平衡、供应结构不合理、制度措施不完善等问题，因而明确住房租赁市场是我国住房供应体系的重要组成部分，要求推进租赁服务平台建设，大力发展住房租赁经营机构，完善公共租赁住房制度，拓宽融资渠道，推动房地产开发企业转型升级。

2016 年，国务院在《国务院关于深入推进新型城镇化建设的若干意见》国发〔2016〕8 号、《中华人民共和国国民经济和社会发展第十三个五年规划纲要》《国务院批转国家发展改革委关于 2016 年深化经济体制改革重点工作的意见》国发〔2016〕21 号等一系列文件中都提出要建立购租并举的住房制度。尤其国务院办公厅专门印发《国务院办公厅关于加快培育和发展住房租赁市场的若干意见》国办发〔2016〕39 号，明确提出"实行购租并举，培育和发展住房租赁市场，是深化住房制度改革的重要内容，是实现城镇居民住有所居目标的重要途径"，为此提出了住房租赁市场的发展目标和一系列重要措施。

《关于在人口净流入的大中城市加快发展住房租赁市场的通知》建房〔2017〕153号指出"培育机构化、规模化住房租赁企业。鼓励国有、民营的机构化、规模化住房租赁企业发展，鼓励房地产开发企业、经纪机构、物业服务企业设立子公司拓展住房租赁业务"。选取了广州、深圳、南京、杭州、厦门、武汉、成都、沈阳、合肥、郑州、佛山、肇庆 12 个城市，首批开展住房租赁试点。随后，国土资源部、住房和城乡建设部 2017 年 8 月发布《利用集体建设用地建设租赁住房试点方案》国土资发〔2017〕100 号，选择北京、上海、南京、杭州、厦门、武汉、合肥、郑州、广州、佛山、肇庆、沈阳、成都 13 个城市，开展利用集体建设用地建设租赁住房试点。

十九大报告中明确提出"房住不炒"，住房租赁市场开启了快速发展期。各地在一系列政策利好的推动下，纷纷出台相应文件，如表 3-2 所示，推动租赁市场的发展。租赁住房市场从"购租并举"到"租购并举"，政策表述的这一变化凸显了国家对租赁市场的重视，也必将推动租赁市场的良性健康发展。

各地的政策文件围绕"房子是用来住的，不是用来炒的"这一定位，通过增加租赁住房供给、鼓励租赁消费、保护承租人权益、搭建政府租赁服务平台等多种举措推动租赁市场发展，如表 3-3 所示。

部分城市出台支持住房租赁发展的政策　　　　表 3-2

时间	城市	文件/会议	政策内容
2017 年 4 月	成都	成都市人民政府办公厅关于印发加快培育和发展住房租赁市场若干措施的通知	落实住房支持政策、给予税收优惠、提供金融支持
2017 年 6 月	天津	天津市人民政府办公厅关于培育和发展我市住房租赁市场的实施意见	鼓励和支持住房租赁消费，多措并举加大租赁房源筹集供应
2017 年 8 月	郑州	郑州市人民政府办公厅关于印发郑州市培育和发展住房租赁市场试点工作实施方案的通知	引导居民转变住房消费观念，积极培育住房租赁专业化企业
2017 年 9 月	上海	关于加快培育和发展本市住房租赁市场的实施意见	住房承租人，依法办理租赁合同登记备案，可享受基本公共服务
2017 年 10 月	合肥	合肥市人民政府办公厅关于加快推进合肥市住房租赁试点工作的通知	推进住房租赁试点工作，2020 年筹集各类集中式租赁住房 16 万套
2017 年 11 月	武汉	武汉市培育和发展住房租赁市场试点工作扶持政策（试行）	允许将宾馆、酒店、写字楼等商业用房改建为租赁住房
2018 年 1 月	北京	北京市第十五届人民代表大会第一次会议	2018 年要发展住房租赁市场特别是长期租赁，推进集体建设用地建设租赁住房

资料来源：作者根据公开资料整理

本轮住房租赁政策主要内容梳理　　　　表 3-3

政策主要内容	相关城市
建设住房租赁交易服务平台	北京、成都、佛山、广州、杭州、合肥、南京、深圳、沈阳、武汉、郑州
创新住房租赁综合管理和服务体系	北京、成都、佛山、广州、杭州、合肥、南京、深圳、沈阳、武汉、郑州
实行租购同权、租购同分	广州、沈阳、杭州、郑州、南京
试点集体土地建设租赁住房	北京、成都、佛山、广州、杭州、合肥、南京、沈阳、武汉、上海、郑州
金融支持	北京、成都、佛山、杭州、合肥、南京、深圳、沈阳、武汉、郑州
严防分割销售、变相销售，确保租赁住房的充足供应	广州、杭州、南京、深圳、沈阳
引入租赁纠纷解决机制	沈阳、南京、深圳
鼓励发展现代住房租赁产业，催生新的经济增长极	广州

资料来源：作者根据公开资料整理

在大力推动租赁住房市场发展的同时，按照市场和保障并重的原则，国家也在积极推动公租房货币化。《国务院办公厅关于加快培育和发展住房租赁市场的若干意见》国办发〔2016〕39 号提出要推进公租房货币化，要求转变公租房保障方式，实物保障与租赁补贴并举。支持公租房保障对象通过市场租房，政府对符合条件的家庭给予租赁补贴。完善租赁补贴制度，结合市场租金水平和保障对象的实际情况，合理确定租赁补贴标准。随后，住房和城乡建设部会同财政部出台《住房城乡建设部 财政部关于做好城镇住房保障家庭租赁补贴工作的指导意见》建保〔2016〕281 号，明确"城镇住房保障采取实物配租与租赁补贴相结合的方式，逐步转向以租赁补贴为主"。2017 年，住房和城乡建设部会同国土资源部印发《关于加强近期住房及用地供应管理和调控有关工作的通知》（建保〔2017〕80号），进一步要求各地转变公租房保障方式，实行实物保障与租赁补贴并举，推进公租房货币化。

2017年，为进一步推进住房租赁市场的发展，相关部门先后出台了《关于在人口净流入的大中城市加快发展住房租赁市场的通知》建房〔2017〕153号、《国土资源部 住房城乡建设部关于印发〈利用集体建设用地建设租赁住房试点方案〉的通知》国土资发〔2017〕100号等政策。根据财政部、住房和城乡建设部《关于开展中央财政支持住房租赁市场发展试点的通知》财综〔2019〕2号和《财政部办公厅 住房城乡建设部办公厅关于组织申报中央财政支持住房租赁市场发展试点的通知》财办综〔2019〕28号，财政部、住房和城乡建设部组织开展了中央财政支持住房租赁市场发展试点竞争性评审工作。

二、鼓励与规范并重，助力机构良性发展（2018～2020年）

为了应对城镇化快速发展带来的租赁需求，政府陆续出台多项政策鼓励租赁市场发展，尤其是对租赁企业的鼓励与扶持成为政策的着力点。租赁住房的供应主体也由原来单一的个体出租人模式转向个体出租人和机构出租人协同发展的趋势。这两种形态与"集市"和"超市"有诸多类似之处，个体出租人出租的模式类似集市的发展模式，呈现出周期性、传统性、自发性的特点，机构出租人的经营模式则像超市一样，呈现出常态化、现代化、规范化的特征。[①]

然而，长租公寓自兴起以来就争议不断，行业发展面临诸多挑战。在面对行业盈利模式单一，盈利能力弱，主管部门监管制度有待完善，应对突发事件的金融支持力度薄弱等诸多挑战下，长租公寓频频"爆雷"。

面对市场快速扩张以及日常运营等造成的"失血"，部分企业通过多轮融资、上市的途径为企业"补血"，降低自身亏损，但是，从长远来看，企业的健康发展需要能够自我"造血"，然而，从多数企业的运营状况来看，实现盈利显然路途漫漫。[②] 如表3-4所示。

部分停业长租公寓情况　　　　　　　　　　　　　　　　　　表3-4

序号	品牌名称	"爆雷"时间	原因	注册公司
1	好熙家公寓	2017年2月	资金链断裂	西安好熙家房屋托管有限公司
2	好租好住	2018年1月底		上海悦河物业管理有限公司
3	爱公寓	2018年3月		上海歆禹房屋租赁有限公司
4	长沙优租客	2018年4月		长沙优租客房地产经纪有限公司
5	恺信亚洲	2018年4月		恺信亚洲投资控股集团有限公司

---

① 黄程栋. "集市"与"超市"：租赁住房的供给形态 [J]. 上海房地，2019（8）：11-14.

② 黄程栋. 疫情冲击下长租公寓发展的再审视 [J]. 上海房地，2020（5）：14-16.

续表

序号	品牌名称	"爆雷"时间	原因	注册公司
6	长沙咖啡猫公寓	2018年9月	资金链断裂	湖南咖啡猫网络科技有限公司
7	石家庄众客驿家	2018年9月		众客驿家公寓物业服务石家庄有限公司
8	北京爱佳心仪	2018年11月		北京爱佳心仪房地产经纪有限公司
9	北京小家联行	2018年11月		北京小家联行企业管理有限公司
10	乐伽公寓	2019年7月		南京乐伽商业管理有限公司
11	杭州安闲居	2019年7月		杭州安闲居科技有限公司
12	杭州速锦房产	2019年7月		杭州速锦房地产经纪有限公司
13	西安万巢	2019年7月		陕西万巢房地产营销策划有限公司
14	南京玉恒公寓	2019年7月		南京玉恒商业管理有限公司
15	南昌诚寓物业	2019年7月		南昌诚寓物业管理有限公司
16	星窝公寓	2019年1月	被收购	星窝公寓管理（深圳）有限公司
17	寓见公寓（上海）	2019年2月		上海小寓信息科技有限公司
18	Color公寓	2017年年中	经营不善	深圳市迈芒资产管理有限公司
19	GO窝公寓	2017年年底		广州构窝信息科技有限公司
20	鼎家	2018年8月	宣布破产	杭州鼎家网络科技有限公司
21	鱼悦公寓（深圳）	2018年10月	房东携款跑路	深圳市鱼悦公寓管理有限公司

随着"甲醛门""租金贷""投毒案"等一系列行业乱象的曝光，机构出租人行业快速发展的步伐被陡然喊停，由此转入低谷期。2018年8月以来，行业进入调整期，政策以完善住房租赁市场发展规范为主，如表3-5所示，资本支持更加谨慎，企业融资困难加大，扩张步伐放缓。

调整阶段部分城市出台的政策　　　　　　　　　　　　　　　　　　　表3-5

时间	城市	政策内容
2018年8月	北京	约谈主要住房租赁企业负责人，提出"三不得""三严查"
2018年8月	南京	租赁企业不得恶性竞争、哄抬租房价格、垄断租赁房源
2018年8月	天津	严查抢占房源、不登记备案、恶意炒作、制造恐慌
2018年8月	深圳	严禁开展类似"租金贷"业务，不得以不实宣传误导消费者
2018年9月	上海	代理经租企业开展个人"租金贷"业务应具备一定条件，做好事先告知和风险提示；银行业金融机构需履行主体责任，建立并严格执行面谈制度等要求
2018年10月	合肥	不得单方面提高租金、克扣押金、哄抬、操控租金
2019年7月	杭州	连发三份租赁相关意见稿，加强监管、规范租金贷、扶持租赁企业发展

资料来源：作者根据公开资料整理

2020年9月，住房和城乡建设部就《住房租赁条例（征求意见稿）》征求意见。国家层面制定《住房租赁条例》，是旨在规范住房租赁活动，维护住房租赁当事人合法权益，构建稳定的住房租赁关系，促进住房租赁市场健康发展。

为破解租赁住房建设瓶颈、稳定市场租金，解决新市民阶段性的住房困难，2020年5月，中国建设银行与广州、杭州等6个城市市政府共同签订《发展政策性租赁住房战略合作协议》，将为这些城市提供政策性贷款不少于1900亿元。试点涉及住房租赁、中央财政支持住房租赁市场发展、集体建设用地建设租赁住房以及政策性租赁住房等内容。

三、加快发展保障性租赁住房，推动制度完善（2021年以来）

近年来，各地通过扎实推进住房保障工作，有效改善了城镇户籍困难群众住房条件，但新市民、青年人等群体住房困难问题仍然比较突出，为此，国务院办公厅发布《国务院办公厅关于加快发展保障性租赁住房的意见》国办发〔2021〕22号（以下简称《意见》）。《意见》明确，保障性租赁住房以建筑面积不超过70m²的小户型为主，租金低于同地段、同品质市场租赁住房租金。随后，各省市政府纷纷发布关于保障性租赁住房的相关政策意见，指导各地保障性租赁住房的建设、筹措、运营和管理。如表3-6所示，各省市政府纷纷发布关于保障性租赁住房的相关政策意见。

为深入贯彻落实党中央、国务院决策部署，支持加快建立多主体供给、多渠道保障、租购并举的住房制度，培育和发展住房租赁市场，促进房地产市场平稳健康发展，2023年2月24日，中国人民银行、银保监会就《关于金融支持住房租赁市场发展的意见》（征求意见稿）公开征求意见。

以新市民和青年人为主要出发点，因为青年人是生育的主体，解决青年人的住房问题有利于消除他们的后顾之忧，实现安居乐业。保障性租赁住房的租金低于同地段、同品质市场租赁住房租金水平，而且在筹集建设过程中也注重职住平衡。近两年，全国已开工建设筹集保障性租赁住房256万套间，能够解决700万新市民、青年人的住房问题。在整个"十四五"期间，全国计划筹集建设保障性租赁住房870万套间，预计可以帮助2600多万新市民、青年人改善居住条件。[①]

在积极推动保障性租赁住房发展的同时，各地也继续做好规章制度建设。为了规范住房租赁活动，保护租赁当事人的合法权益，稳定住房租赁关系，促进住房租赁市场健康发展，推动实现住有所居。根据有关法律法规，2022年5月25日，《北京市住房租赁条例》已由北京市第十五届人民代表大会常务委员会第三十九次会议通过，北京市人民代表大会常务委员会公告〔十五届〕第76号予以公布，自2022年9月1日起施行。《上海市住房租赁条例》由上海市第十五届人民代表大会常务委员会第四十六次会议于2022年11月23日通过，自2023年2月1日起施行。

---

① 本部分内容参考《"十四五"期间全国计划筹建保障性租赁住房870万套间》http://news.cctv.com/2022/08/17/ARTI1ptPtMCdgm8kLkJqYMDd220817.shtml。

部分省市出台的政策情况 表 3-6

政策类别	省市	政策文件	发文时间（年）
实施或指导意见	北京	北京市关于加快发展保障性租赁住房的实施方案 京政办发〔2022〕9 号	2022
	上海	关于加快发展本市保障性租赁住房的实施意见 沪府办规〔2021〕12 号	2021
	广东	广东省人民政府办公厅关于加快发展保障性租赁住房的实施意见 粤府办〔2021〕39 号	2021
	浙江	浙江省人民政府办公厅关于加快发展保障性租赁住房的指导意见 浙政办发〔2021〕59 号	2021
	江苏	江苏省人民政府办公厅关于加快发展保障性租赁住房的实施意见 苏政办发〔2021〕101 号	2021
	四川	四川省住房城乡建设厅等 8 部门关于加快发展保障性租赁住房的实施意见 川建保发〔2021〕338 号	2021
	湖北	湖北省住房和城乡建设厅关于加快发展保障性租赁住房的通知 鄂建文〔2021〕45 号	2021
	河北	河北省人民政府办公厅关于加快发展保障性租赁住房的实施意见 冀政办发〔2021〕8 号	2021
	海南	海南省住房和城乡建设厅等 9 部门关于加快发展保障性租赁住房的实施意见 琼建规〔2022〕12 号	2022
管理办法	上海	上海市保障性租赁住房管理办法（试行） 沪住建规范联〔2022〕3 号	2022
	深圳	深圳市保障性租赁住房管理办法	2023
非居改建	天津	市住房城乡建设委市规划资源局关于印发天津市非居住存量房屋改建为保障性租赁住房的指导意见的通知 津住建发〔2024〕2 号	2024
	海南	关于做好闲置存量房屋改造和改建保障性租赁住房工作的通知 （征求意见稿）	2022
	厦门	厦门市住房保障和房屋管理局 厦门市自然资源和规划局 厦门市建设局关于印发《存量非住宅类房屋临时改建为保障性租赁住房实施方案》的通知 厦房租赁〔2021〕9 号	2021
	广州	广州市规划和自然资源局、广州市住房和城乡建设局关于推进非居住存量房屋改建保障性租赁住房工作的通知 穗规划资源规字〔2023〕3 号	2023
	佛山	关于非居住存量房屋改建为保障性租赁住房的指导意见（征求意见稿）	2021
租金评估	上海	上海市房屋管理局关于做好本市保障性租赁住房项目市场租金评估工作的通知 沪房市场〔2022〕40 号	2022
		关于印发《上海市租赁住房租金评估指引（试行）》的通知 沪房地估协〔2022〕5 号	2022

续表

政策类别	省市	政策文件	发文时间（年）
建设导则	北京	北京市住房和城乡建设委员会 北京市规划和自然资源委员会关于印发《北京市保障性租赁住房建设导则（试行）》的通知 京建发〔2022〕105 号	2022
金融支持	上海	关于发布《上海证券交易所公开募集基础设施证券投资基金（REITs）规则适用指引第 4 号——保障性租赁住房（试行）》的通知 上证发〔2022〕109 号	2022
	深圳	关于发布《深圳证券交易所公开募集基础设施证券投资基金业务指引第 4 号——保障性租赁住房（试行）》的通知 深证上〔2022〕675 号	2022
项目认定	上海	关于印发《上海市保障性租赁住房项目认定办法（试行）》的通知 沪住建规范联〔2022〕2 号	2022
	西安	西安市住房保障工作领导小组办公室关于印发西安市保障性租赁住房项目认定指导意见的通知 市住保办发〔2022〕15 号	2022
	广州	广州市住房和城乡建设局关于印发广州市保障性租赁住房项目认定办法的通知 穗建规字〔2022〕9 号	2022
	厦门	厦门市住房保障和房屋管理局关于印发厦门市保障性租赁住房项目认定和管理操作细则的通知 厦房租赁〔2023〕14 号	2023
	汕头	汕头市人民政府关于印发汕头市保障性租赁住房认定办法（试行）的通知 汕府〔2022〕70 号	2022
	成都	成都市保障性租赁住房工作领导小组办公室关于印发《关于居民自愿将自有住房用于保障性租赁住房操作指南》的通知 成保租办发〔2022〕1 号	2022

第四章

住房租赁需求

第一节　住房租赁需求分类

一、有关住房租赁需求的理论

（一）有关住房需求的理论

丁祖昱[①]（2014）指出，由于住房属于特殊的耐用消费品，其寿命一般为70～100年，甚至更长，因此有学者认为必须区分住房实体（Housing Stock）和住房服务（Housing Service）的概念。住房实体的需求属于投资需求，投资收益为其决策的主要因素，对其研究应当采用投资理论；住房服务的需求属于纯粹的消费需求，消费者决策因素主要包括收入、住房租/售价格、家庭结构、其他消费品价格及偏好等，对其研究应当采用消费理论。而住房服务需求的满足可以通过两种途径实现：租赁或者购买住房产品。

郑思齐[②]（2007）对住房需求的定义提出了自己的见解，他认为，住房需求是指家庭在一定的收入、价格及其他对住房需求存在影响的因素作用（例如年龄、家庭人口等）下，有能力且愿意选择的住房。住房需求是一个多维的体系，包括家庭对数量、所有权形式、区位、档次等多方面的偏好和选择。在新古典住房经济学中，学者们一般都是这样处理的，所谓的住房需求方程就是用于描述需求量与收入、价格等变量的关系。学者们现在习惯直接用"住房需求"来指代对数量的需求，而将其他维度的需求称为各种住房选择问题。

高晓路[③]（2008）认为住房需求层次的区分，主要是依据经验进行定性的划分，例如，将住房需求按收入分，分为低收入家庭需求、中等收入家庭需求、高收入家庭需

---

①　丁祖昱. 中国城市化进程中住房市场发展研究 [M]. 北京：企业管理出版社，2014.

②　郑思齐. 住房需求的微观经济分析：理论与实证 [M]. 北京：中国建筑工业出版社，2007.

③　高晓路. 北京市居民住房需求结构分析 [J]. 地理学报，2008（10）：1033-1044.

求；按功能分为生存性需求、发展性需求与享受性需求；按消费属性分为消费性需求与投资经营性需求；按舒适程度分为遮风避雨型、基本功能型、舒适宽敞型、豪华高档型住宅消费等。影响住房需求行为的主要因素包括社会经济发展水平、自然环境和生活习俗、家庭人口、收入水平、房价水平、当前住房状况等。在同一地区且一个房价相对稳定的时期，可以将之限定于家庭人口、收入水平和当前住房状况。同时，投资倾向、家庭结构变更的预期也影响着住房需求行为。

钟庭军[①]（2013）认为，在宏观经济学把需求分为消费性需求、投资性需求和投机性需求的基础上，住房需求分类也可以大体按照这种思路进行，其中有一种衍生分类方法流传甚广，就是根据购房的目的分类，把住房需求划分为自住性需求、投资用于出租性住房、投机性需求。

宋思涵[②]（2008）通过研究得出结论，居民对住宅的需求取决于其支付能力，而支付能力的大小取决于居民的收入和收入分配。在其他条件不变的情况下，居民可支配收入的变化与住宅需求呈正向关系，即收入增加，购买力相应增强，对住宅的需求也随之增加；反之，收入减少，对住宅的需求也减少。

王立军等[③]（2019）认为，由于不同群体在收入水平、消费偏好、租房期限等方面存在差别，租房需求也存在明显差异。例如，高收入群体能够承担起高额租赁费用，选择居住高档公寓。中等收入群体对居住环境、房屋大小和独立空间都有一定的诉求，愿意多支付一些租金以享受更好的居住品质。而低收入群体对房租敏感度高，愿意为降低居住成本选择群租房等。

况澜等[④]（2018）研究发现，目前我国主要的租赁需求包括高、中、中低和低端等多层次。低端需求主要来自低收入人群、进城务工人员以及部分低薪高校毕业生等，其中中低端需求占比较大，根据住房和城乡建设部对 16 个外来人口较多的城市的调查，租住 50m^2 以下中小户型的需求超过 75%。这部分人群主要从事服务业、建筑业，如建筑工人、餐饮服务人员、司机、环卫工人、路边小摊贩等，其住房来源主要为集体宿舍、建筑工地工棚及租房，居住环境相对恶劣。

（二）住房租赁需求的定义

结合专家学者的前期研究，对照需求及住房需求的相关概念，本书对住房租赁需求定义为：个人或家庭在一定的收入水平及其他对住房租赁需求存在影响的因素（例如家庭结构、偏好等）作用下，愿意且有能力选择的租赁住房。

① 钟庭军.论住房需求类型以及政策执行成本 [J].住宅与房地产（综合版），2013（4）：70-73.

② 宋思涵.上海市住宅供给与需求研究 [D].上海：同济大学，2008.

③ 王立军，白纪年，李鹏.住房租赁市场发展研究 [J].西部金融，2019（3）：4-9.

④ 况澜，郝勤芳，梁平，等.我国住房租赁市场需求及发展趋势研究 [J].开发性金融研究，2018（6）：65-87.

二、住房租赁需求特征与变化趋势

（一）住房租赁需求的类型及特点

按照通常的分类方法，住房需求可以按照宏观经济学的分类，分为消费性需求、投资性需求和投机性需求，但由于租赁需求不存在投资、投机性，因此这种分类方式不适用。

城镇住房分层供应体系的本质标准是城镇居民家庭的住房支付能力，家庭收入在诸多因素中对住房支付能力产生最为重要的影响。实际上，各个国家在住房分层供应政策实践中也是以家庭收入作为基本标准的[①]。据此，考虑按照收入将住房租赁需求进行分类。国家统计局统计年鉴的五等份分组将所有调查户按人均收入水平从高到低顺序排列，平均分为五个等份，处于最高 20% 的收入群体为高收入组，依此类推为中等偏上收入组、中等收入组、中等偏下收入组、低收入组。根据《中华人民共和国 2022 年国民经济和社会发展统计公报》，低收入组人均可支配收入 8601 元，中间偏下收入组人均可支配收入 19303 元，中间收入组人均可支配收入 30598 元，中间偏上收入组人均可支配收入 47397 元，高收入组人均可支配收入 90116 元。在此基础上，将住房租赁需求分为五个层次，即低收入住房租赁需求、中低收入住房租赁需求、中等收入住房租赁需求、中高收入住房租赁需求和高收入住房租赁需求。具体来看：

低收入住房租赁需求的主要特点是，收入很低，支付能力极差，通常难以负担市场化租赁住房的租金。对租赁住房的要求很低，租房为满足最基本的居住需求。这部分需求主要来自低收入服务行业人群、进城务工人员以及部分低薪毕业生等。

中低收入住房租赁需求的主要特点是，收入相对较低，可承担的租金有限，对租金价格很敏感，承租市场化租赁住房有一定的压力，对租赁住房的要求较低。

中等收入住房租赁需求的主要特点是，收入处于中间水平，具有一定的支付能力，通常选择市场化租赁住房，对房屋区位、品质等有一定的要求，对租金价格较敏感。

中高收入住房租赁需求的主要特点是，收入较高，支付能力较好，对租金价格不太敏感，比较注重居住品质。

高收入住房租赁需求的主要特点是，收入很高，可负担的租金水平高，因此会对居住品质（如小区环境、区位、装修情况、生活便利程度等）有更高的要求。

（二）住房租赁需求变化趋势

一是人口流动性增强，租赁需求向大城市集中。流动人口是我国住房租赁市场的第一大群体，伴随着经济社会的持续发展，人口流动趋势更加明显，规模进一步扩大。第七次全国人口普查（以下简称七普）调查结果显示，2020 年我国流动人口规模达 3.76

[①] 解海，靳玉超，洪涛 . 供求结构适配视角下中国住房供应体系研究 [J]. 学术交流，2013（1）：112-116.

亿人，占总人口的 26.6%。根据国家统计局公报，2022 年中国城镇化率达到了 65.22%（图 4-1）。在快速城镇化过程中，人口加速向大城市聚集。七普数据显示，截至 2020 年底，北京、上海、广州、深圳、成都和重庆六个城市常住人口均超过 1700 万。其中，一线城市的人口增长主要来自于外来人口的导入。深圳、广州、上海和北京的外来人口占比从高到低分别为 69%、50%、42% 和 39%。外来常住人口为城市发展提供了生产力和消费力，也增加了城市的租赁需求。与此同时，城市内部的流动性也在增强。七普数据显示，2020 年市辖区内人户分离人口规模约为 1.17 亿，与 2010 年的 0.4 亿相比增加了约 0.77 亿，增长 192.5%。

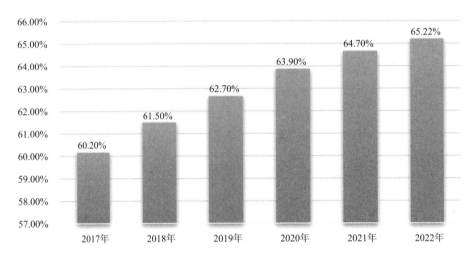

图 4-1　2017～2022 年全国常住人口城镇化率

数据来源：国家统计局

二是晚婚晚育现象加剧，住房租赁需求期延长。根据《中国人口普查年鉴—2020》，2020 年，中国人平均初婚年龄涨到了 28.67 岁，其中，男性平均初婚年龄为 29.38 岁，女性为 27.95 岁。10 年间，平均初婚年龄推后了近 4 岁。另有数据显示，1991 年到 2017 年间，全国初育年龄推后 5 年至 29.3 岁，并有进一步推迟的趋势。结婚及生育通常是购买住房的重要推动因素，而晚婚晚育则会延迟购房需求，相应地，住房租赁需求期则会延长。

三是租赁群体年轻化，中高端租赁需求增加。根据不同机构的调研结果，我国租赁人群以 30 岁以下的年轻人为主，并且随着"95 后""00 后"等青年群体进入租房市场，租客年轻化趋势越发显著。其中，一线及新一线城市的租客更趋于年轻化。据《2020 中国青年租住生活蓝皮书》（以下简称《蓝皮书》）的调研结果显示，城市租住人群中，30 岁以下占比超过 55%，其中 26～30 岁的租客占比达到 31.48%，20 岁以下租客占比超过 5%。58 安居客房产研究院发布的《2020 年中国住房租赁市场总结报告》（以下简称《租赁市场总结》）则针对一线及新一线城市的租房人群进行调研，结果显示，30岁以下租客占比超过 50%，其中 20～25 岁的租客占比高达 35.1%。表明一线及新一线城市租客更趋于年轻化（图 4-2）。

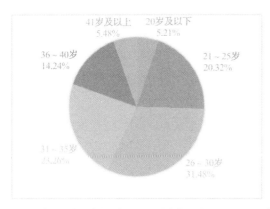

《2020 中国青年租住生活蓝皮书》用户调研

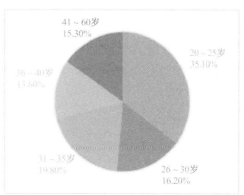

《2020 年中国住房租赁市场总结报告》一线及新一线用户调研

图 4-2　不同用户调研中租赁人群的年龄结构

与此同时，租客人群的受教育程度也不断提升，本科及以上学历的高学历租客占比较高。《蓝皮书》调研数据显示，整体城市租客群体中，本科及以上学历租客占比超过 65%。而在长租机构租客中，本科及以上学历租客占比接近 80%。参与《租赁市场总结》调研的租客中，本科及以上学历占比超过 80%，其中本科学历占比超过 70%。值得一提的是，《蓝皮书》调研数据显示，整体租客群体中海归租客占比突破 10%，已成为城市租住群体的重要组成部分（图 4-3）。

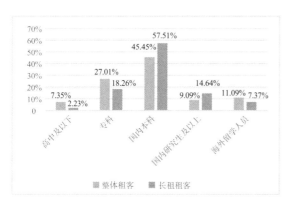

《2020 中国青年租住生活蓝皮书》用户调研

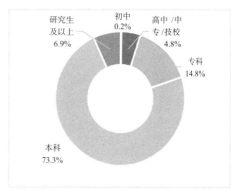

《2020 年中国住房租赁市场总结报告》用户调研

图 4-3　不同用户调研中租赁人群的学历结构

随着租赁群体结构、收入以及住房消费理念的变化，租客对租住品质提出了更高的要求，中高端租赁住房的需求不断增加。长租公寓提供的品质房源和专业服务成为更多年轻租客的选择。在城市租房方式上，《蓝皮书》的调研结果显示，有超过50%的租客表示会选择"长租机构的租赁住房"，其次为来自"中介平台"和"房东直接出租"的房子。租客选择长租机构的主要原因为"房源品类多、品质好""有定期保洁等""APP等线上工具更方便"等。《租赁市场总结》的调研则显示，60.9%的租房人群表示更愿意选择租住普通住宅小区的房源，19.6%的租房人群更喜欢租住品牌公寓。其中，年龄在20～25岁的年轻人选择租住品牌公寓的人群占比相对较高（图4-4）。

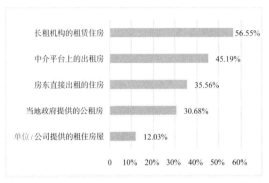
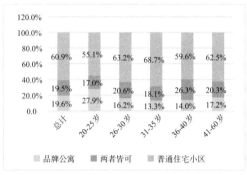

《2020中国青年租住生活蓝皮书》用户调研　《2020年中国住房租赁市场总结报告》用户调研

图4-4　不同用户调研中租房需求类型

大城市由于租金更高，租房人群可承受的租金水平也相应提高。如图4-5所示，根据《租赁市场总结》的调研结果，参与调研的租房人群中，有51.9%的租房人群表示可承受的租金范围在2001～3000元/月之间。其中，一线城市租房人群中选择租金在2501～3000元/月的占比最多，为25.4%；而新一线城市租房人群选择租金在2001～2500元/月的占比最多，为26.5%。

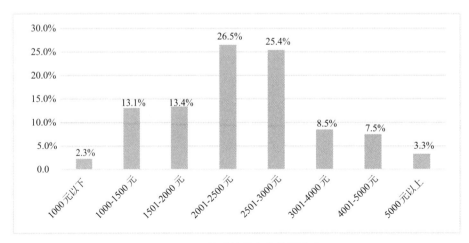

图4-5　可承受的月租金范围分布

三、差异化住房租赁需求得到有效满足

为补齐住房租赁短板，我国加快推进住房租赁市场建设。经过多年的探索和培育，我国住房租赁市场逐步规范和完善，供给类型趋于丰富，满足了多层次、差异化的住房租赁需求。目前，我国租赁住房供应体系框架已基本形成，主要包括公共租赁住房、保障性租赁住房和市场化租赁住房。

其中，公共租赁住房是指由政府主导投资、建设和管理，或由政府提供政策支持、其他各类主体投资筹集、纳入政府统一管理，限定建设标准和租金水平，租赁给符合条件的城镇中等偏下及以下收入住房困难家庭、新就业无房职工和在城镇稳定就业的外来人员的保障性住房。

保障性租赁住房是面向符合条件的新市民、青年人等住房困难群体，由政府给予政策支持，充分发挥市场机制作用，引导多主体投资、多渠道供给，坚持小户型、低租金，注重职住平衡的租赁住房。保租房具有小户型、低租金的特征，保障了新市民和青年人群"一套房""一间房"甚至"一张床"的需求，同时进一步丰富了租赁住房的供应种类，完善了租赁住房供给结构，成为我国住房保障体系建设的重心。根据住房和城乡建设部公开信息，2021 年全国 40 个重点城市新筹集保租房 94.2 万套，预计可缓解近 300 万新市民、青年人的住房困难。"十四五"期间，40 个重点城市将建设筹集 650 万套（间）保障性租赁住房，可解决近 2000 万新市民、青年人的住房困难问题。

市场化租赁住房是指房屋的所有者或经营者将其所有或经营的房屋通过市场化运作交给房屋的消费者使用，并定期收取一定数额的租金。市场化租赁住房主要可分为机构出租房、私人出租商品住房和农民私房。为了与租赁人群的住房租赁需求相适应，缓解供需间的结构性错配问题，市场化租赁住房提供差异化、多层次的租赁产品。例如，针对建筑工人、环卫工人、保姆、快递外卖员等城市建设者和基本公共服务人员，通过宿舍型房源、企业建设"蓝领公寓"等多渠道措施，提供一定的紧凑型租赁房源，保障"一张床"需求；针对租赁市场化住房的青年群体，保障"一间房"需求；针对家庭居住或高端人群的租赁需求重点通过市场化手段，提供交通便利、居住品质较好的租赁住房，改善"一套房"需求人群对居住安全、居住品质和租赁服务提升的追求，如表 4-1 所示。

我国租赁住房供应体系　　　　　　　　　　　　　　　　　表 4-1

分类	品种	目的	租金	面积	供应对象
保障类租赁住房	公租房	解决城镇住房和收入双困家庭住房困难	略低于同地段住房市场租金	以 40m² 为主，单套建筑面积控制在 60m² 以下	低收入及中低收入群体

分类	品种	目的	租金	面积	供应对象
保障类租赁住房	保障性租赁住房	解决人口净流入的重点城市，主要是大中城市的新市民和青年人的住房问题	低于同地段同品质市场的平均租金	以建筑面积不超过70m²的小户型为主	中低及中等收入群体
市场化租赁住房	私人租赁住房	解决居民住房问题	市场化租金	不限	所有群体
	机构出租住房			"一张床""一间房""一套房"，产品类型丰富	所有群体，以中等、中高收入群体为主

第二节 不同类别城市住房租赁市场发展阶段与租赁需求

2017年以来，为加快推进租赁住房建设，培育和发展住房租赁市场，相关部门先后发布政策文件，选取部分城市开展住房租赁市场发展的相关试点工作。由于不同城市住房租赁市场的发展程度以及主要特征存在较大差异，因此，城市分层是住房租赁市场发展"因城施策"的重要基础。

一、住房租赁市场的影响因素

租金价格是住房租赁市场供求结果的表现形式，也是住房租赁市场发展情况的重要"信号"。在定量研究中，通常选择房租收入比与租售比对住房租赁市场进行量化测度。其中，房租收入比用来衡量租赁群体对租金的承受能力，租售比则用来测度住房租赁市场与买卖市场的偏离程度，也是衡量住房市场泡沫的重要指标。此外，住房租赁市场发展也要受宏观经济环境的影响。从内生需求环境来看，我国城市经济的持续发展以及由此产生的流动人口衍生出了大量的租房需求，为租赁市场的发展提供了基本条件。因此，城镇化率、第三产业结构占比、人口年均增长率、住房销售价格、房价收入比等与住房租赁市场的发展程度有较大的联系。

根据房租收入比与租售比的计算公式，对我国部分城市的租赁市场进行定量分析。进一步地，将上述城市的房租收入比与租售比形成散点图，如图4-6所示。上述城市可分为"低房租收入比、低租售比""低房租收入比、高租售比""高房租收入比、低租售比""高房租收入比、高租售比"四种类型。其中，北京、上海、深圳、福州、杭州属于"高房租收入比、低租售比"类型，该类城市租金水平较高、住房销售价格水平也同样较高，尤其对很多年轻人而言，住房支出负担较大。

综上所述，选取以下7个指标作为不同城市租赁市场发展程度的刻画指标，指标含义及数据来源如表4-2所示。

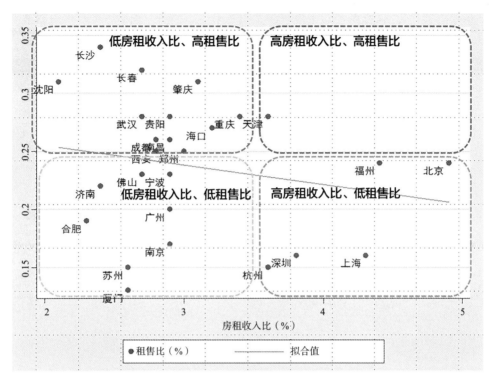

图 4-6 我国部分城市房租收入比与租售比散点图

住房租赁市场发展程度的指标含义及数据来源[①]   表 4-2

指标名称	指标含义	数据来源
人口年均增长率	2015～2019 年人口的增长速率	各地统计局网站
二手住房价格同比	2019 年二手住房价格的同比增长幅度	国家统计局网站，部分城市采用中指院、安居客数据
租售比	租金与房价的比值，用来衡量房地产市场泡沫程度	中指院数据库，部分采用易居、中国房价行情网数据
房租收入比	指租金支出与可支配收入的比值，用来衡量租赁群体的租房支出压力	中指院数据库，部分采用易居、中国房价行情网数据
房价收入比	是指住房销售价格与城镇居民家庭年收入之比，用来衡量住房购买的支出压力	各地统计局网站、Wind 数据库
第三产业占 GDP 比重	第三产业与 GDP 的占比	各地统计局网站
城镇化率	城镇人口占总人口的比重	各地统计局网站

二、不同城市分层结果及发展特征

为明确我国不同城市住房租赁市场发展特征，选取了我国住房租赁试点城市、中央财政支持住房租赁市场发展试点城市、集体建设用地建设租赁住房试点城市、政策

[①] 此研究内容为编者承接住房和城乡建设部 2020 年课题《我国住房租赁市场发展的现状、问题及对策研究》的研究成果，故数据到 2019 年。

性租赁住房城市等 26 个典型城市进行系统聚类分析。同时，借鉴罗斯托的经济成长阶段论，结合聚类分析结果，将 26 个城市分为以下四种类型：租赁市场稳定型城市、租赁市场快速发展型城市、租赁市场潜力型城市和租赁市场起步型城市，具体的城市范围及特征如表 4-3 所示。

26 个城市聚类分析结果　　　　　　　　　　表 4-3

类型	城市	人口净流入	租售比	房租收入比	房价收入比	第三产业占GDP 比重	城镇化率
租赁市场稳定型城市	北京、上海	低	较低	高	高	高	高
租赁市场快速发展型城市	深圳、杭州、苏州、南京、厦门	高	低	较高	较高	较高	较高
租赁市场潜力型城市	广州、西安、天津、成都、武汉、济南、郑州、贵阳、长沙、海口	较高	较高	较低	较低	较低	较低
租赁市场起步型城市	长春、肇庆、福州、沈阳、佛山、重庆、南昌、合肥、宁波	较低	高	低	低	较低	较低

（一）租赁市场稳定型城市

租赁市场稳定型城市的发展特征为：城市经济发展水平高，人口总量大但净流入少，租赁市场总体需求量大且较为稳定，租赁市场发展具备较好的基础，代表城市有北京、上海。从人口年均增长率来看，增长率很低甚至处于负增长状态。此类城市人口规模大，但是人口净流入基本停滞，因而租赁人口数量大但较为稳定。从租售比来看，由于房价水平高，导致其租售比处于较低水平。房租收入比和房价收入比高，居民的居住成本高。此外，该类城市第三产业占 GDP 比重与城市化率水平在四类城市中属于高水平，该类城市处于成熟的发展阶段。由于租赁市场需求量大且较为稳定，品牌长租公寓在此类城市开设的门店数量较多。

（二）租赁市场快速发展型城市

租赁市场快速发展型城市的发展特征为：城市经济发展水平较高，人口净流入量大，租赁市场总体需求快速增加，居民的住房负担较重，主要代表有深圳、杭州等 5 个城市。从人口年均增长率来看，此类城市人口净流入量很大，租赁人口数量快速增加。从租售比来看，房价水平较高而租金水平相对较低，导致其租售比偏低，租赁回报周期长。房租收入比和房价收入比均处于较高水平，住房成本较高。此外，该类城市第三产业占 GDP 比重与城市化率也处于较高水平，城市处于快速发展阶段。由于租赁市场需求快速增长，品牌长租公寓在此类城市开设的门店数量也呈现快速增长的态势。

（三）租赁市场潜力型城市

租赁市场潜力型城市的发展特征为：城市经济发展潜力大，人口净流入量较多，未来租赁需求有一定增长，居民的居住成本较低，主要代表有广州、西安等 10 个城市。从人口净流入量来看，此类城市人口净流入量较大，租赁人口数量有一定增长。从租售比来看，相对于房价水平，租金并不算低，从而租售比总体来看处于较高水平。从房租收入比和房价收入比来看，两者均处于较低水平，反映此类城市的住房成本较低。此外，该类城市第三产业占 GDP 比重与城市化率也处于较低水平，城市发展有较大的空间。

（四）租赁市场起步型城市

租赁市场起步型城市的发展特征为：住房价格总体较低，居民住房负担较小，住房租赁需求较少且未来增长空间有限，主要代表有长春、肇庆、沈阳等 9 个城市。从人口净流入量来看，此类城市人口总量规模较小，人口净流入量较少，租赁需求规模不大且增速有限。从租售比来看，由于房价水平低，因而租售比总体处于高水平。从房租收入比和房价收入比来看，两者均处于低水平，城市居住压力小。此外，该类城市第三产业占 GDP 比重与城市化率也处于较低水平。

第三节　租赁赋权情况

2017 年党的十九大报告提出"加快建立多主体供给、多渠道保障、租购并举的住房制度"，这表明在国家层面上将租购并举确定成为中国住房制度改革与发展的新方向标。然而，承租人不能平等地与购房者一样享受同等的公共服务，尤其在教育等公共资源的分配上受到差别性对待，不仅阻碍了租购并举制度的构建，更违背了社会公平正义的实现。因此，需要通过对承租人逐步赋权，进而实现租购同权。

一、"租赁赋权"相关概念界定

（一）适足住房权

根据联合国经济、社会及文化权利委员会 1991 年通过的关于适足住房权的第 4 号一般性意见，适足住房的标准决不只限于四面有墙壁和头上有屋顶，它必须至少包括以下要素：使用权保障、力所能及、适于居住、住房机会、各种服务近便、能提供基础设施以及适当的文化环境。此外，委员会进一步强调政府有义务确保遵守不歧视原则。

适足住房权不应因居住于房屋里的人是否拥有产权而有所差异，对于承租人和业主均需同等保障。

（二）住房作为媒介衍生的其他公共服务

当前，由于优质公共资源供应不足，特别是优质义务教育资源的供应不充分，在我国大多数城市均存在义务教育权利均等化实现困难的问题，优质的教育资源基本都和住房的所有权捆绑在一起，承租人基本无法享受所租房源附近优质的教育资源。

（三）"租购同权"与"租赁赋权"概念辨析

"租购同权"是强调最终的结果，而"租赁赋权"则强调对承租人赋权的过程，两者既有区别又有联系，是辩证统一的关系。要在基本概念辨析的基础上，进一步明确"同哪些权""如何赋权"等。

二、我国租赁赋权的发展现状

（一）我国典型城市承租人享有的公共服务水平现状及问题

1. 发展现状

为了推动构建"租购并举"的房地产市场健康发展长效机制，各级监管部门和地方政府相继出台多项政策，如表4-4所示。

部委及部分省市关于承租人享受基本公共服务权利的政策规定　　表4-4

出台部门/省市	政策内容
住房和城乡建设部等	印发《关于在人口净流入的大中城市加快发展住房租赁市场的通知》建房〔2017〕153号，选取12个城市开展住房租赁试点，明确承租人可按照租赁合同等申领居住证，享受相关公共服务
沈阳	积极推进购租同权，建立承租人居住证权利清单，持有居住证的承租人在就业扶持、住房保障、养老服务、社会福利、社会救助以及子女入学等方面享受公共服务
武汉	承租人申领居住证后，可按照相关规定享受义务教育、基本公共就业、卫生、计划生育等公共服务
山东	租房人办理居住证后享有义务教育、医疗等基本公共服务
成都	符合申领条件的租房人凭租赁合同可申领居住证，居住证持有人可享受公积金、义务教育、医疗卫生等基本公共服务
深圳	非深圳户籍承租人可按照规定申领居住证，享受义务教育、医疗等基本公共服务
上海	常住居民租房居住的，可通过办理居住证、申请居住积分制度、办理人户分离登记享有基本公共服务
无锡	自2017年9月1日起，租房人也可申请落户，并享受相应的基本公共服务
郑州	承租方办理租赁备案后可在居住地落户，符合条件的承租人子女享有就近入学等公共服务权益
济南	租住户也可落户
杭州	租赁住房达到一定年限后实现"租购同分"，符合条件的承租人子女享有就近入学等公共服务权益
厦门	适龄子女可向该片区的小学申请入学，由所在区教育行政部门统筹安排到所在区内学校或就近安排到其他公办学校入学； 适龄子女在实际居住区申请参加积分入学
广州	赋予符合条件的承租人子女享有就近入学等公共服务权益，保障租购同权
南京	建立承租人权利清单，符合条件的承租人子女在居住区内享受义务教育、医疗卫生等基本公共服务
北京	符合条件的非京籍家庭租房可按照规定享受义务教育
合肥	组建国有房屋租赁公司，多渠道筹集租赁房源，承租人按照规定享受义务教育、基本医疗等公共服务

2. 存在问题

当前，承租人在享受公共服务时主要存在以下几个方面的问题：首先，承租人所能享受的公共服务界定不清晰，各地政策口径存在差异；其次，当前各个城市在对租赁人群进行赋权时，主要是从吸引人口的目的出发，功能性考虑较强，并不是真正出于对承租人权益的保护；最后，尽管多个城市已经出台了相应的政策，但是政策的落实力度不够，并未实现政策设定的目的。

从上述 15 个省市的政策文本来看，仅有北京、杭州、合肥、厦门 4 市明确在政策中表明"就近入学"。大多数城市的政策表述较为宽泛，未细化政策实施条例，即未表明如何进行赋权、如何保障租客权利。

大部分城市均以居住证作为租客申请入学的基本性前提条件。然而各市获取居住证的难度及程序不一，无疑为租赁赋权的落实增加了隐形壁垒。

在实行就近入学的城市中，就近入学背后仍存在一些壁垒。如杭州，推行"就近入学"已近 10 年，是在遵照积分入学机制的前提下，允许申请就近入学，房主/租客的身份成为分数的重点标准之一，实质上还是未体现"租购同权"。

（二）疫情暴露出来的实现"租购同权"存在的问题和障碍

由于"租购同权"存在壁垒，目前租赁市场基本是短期过渡性需求，尚难实现长期稳定需求，不利于租赁市场长期稳定发展。

作为住房方面的政策，"租购并举"在疫情中受到了冲击和挑战，疫情像"放大镜"一样将矛盾和问题进一步显化，主要表现在如下几个方面：一是一些地方明确要求返城人员要有本地房产证，不仅是小城市，很多大城市也有同样的要求；二是一些地方关停住房租赁业务，即使租客返城了也无处可住；三是一些社区要求房东给租客担保，房东负连带责任，很多房东怕担责，导致大量租客无法返回住处；四是合租者更可能被集中隔离；五是租客更难领到医疗物资。不仅是租客，住房租赁行业在这次疫情中也受到相当大的冲击，甚至不少基层社区禁止租赁业务的开展。

三、境外承租人享有的公共服务内容

部分国家和地区根据各自国情对承租人进行了赋权，对承租人的赋权随着各国的经济社会发展不断推进，同时注重对承租双方权益的保障。具体有以下几个方面的表现：

（一）承租人享有的公共服务内容

1. 德国：承租人合法纳税即可享有本地公共服务

在德国，租房与买房享受到的权益相差不大，租房也能够享受到同等社会保障和公共资源。租房与购房在公共资源和社会保障上的差别取决于资源配置的均等化水平。德国地区之间差异小，公共基础设施和公共服务配置较为均衡，社会福利和保障均等化，租房和买房都能够无差异享受。只要居民合法纳税，即可享有本地公共服务。此外，租房也能享受同等教育权。在德国，教育资源分配均衡，无等级之分，且学区内教师实行轮岗制度，师资力量均衡，租房和买房都可以无差异享受教育权。

2. 日本：公共资源的享用与房产产权不挂钩

日本从第二次世界大战后开始租售同权。在日本，租赁学区房同样可以入学，租房后拿租房合同就可以把居住地注册在房屋所在地，这样就可以"划片"入学。此外，日本为了推行教育公平，基本上全日本所有学校的硬件设施较为一致。同时，老师也是基本上两三年就会全国各地调动，所以日本的十二年义务教育无论从硬件还是软件来看都是相对比较公平的。此外，在日本，公共资源的享用与房产产权不挂钩，保障了承租人享受公共资源的权益，做到了"租售同权"。

3. 美国：学区的标准不是产权，而是实际居住

按照美国法律规定，公立学校实行划片、就近入学原则。在美国，所有居住区都有对应的学区划分，具体到每一条街道、每一个门牌号，十分"精确"。全美大概有1.5万个学区，从小学到中学教育质量一般都较好，一旦就读就不必考虑中途转学。但美国学区的标准不是产权，而是实际居住。也就是说，入学的标准不是房产证，而是真实居住在这里的证明，拥有本地房产不是子女到当地学校就读的必要条件。相反，如果有产权但不住在该地区，却让孩子在该地区就读是违规行为，若被学校发现可能被开除。所以，美国所谓的"学区房"完全不同于中国的"学区房"。

4. 英国：公立小学和中学实行"划片"上学

英国在子女受教育权上是"租售同权"的。首先，英国的公立小学和中学也是划片上学，只要居住在学区范围之内，买房和租房都可以在学区内入学。在附近租房居住，只需要向学校提供缴纳市政税的发票，证明自己居住在该学区，即可让子女"划片"入学。其次，英国私人教育高度发达，无处不在的私人学校使一些经济条件好、能够负担价格偏高的私立学校的家庭避开学区的限制。

5. 中国香港：适龄儿童均接受教育，与产权无关

政府提供自幼儿园起15年的教育补贴，大多数公立或者受政府资助的学校在招生时会有一定比例的名额用于就近入学，凭住址证明即可，并不区分父母是业主还是租客。

（二）境外租赁赋权经验对中国内地实现租赁赋权的启示

德国、日本、美国、英国、中国香港等发达国家和地区住房租赁市场起步早，具有较完善的租房体系和法律法规，这些国家和地区在公共资源上基本已经同权，这主要得益于住房体系完善、租赁市场占比高、立法到位等。我国内地要实现租赁赋权，关键在于：其他住房政策的完善、户籍与公共权益的松绑以及供给侧上优质资源的扩张。在大多数发达国家，住房是国家福利体系的一部分，而我国现阶段的基本国情还无法将住房全部纳入国家福利体系。在最新发布的《国家基本公共服务标准（2023年版）》中，

只有公租房服务和住房改造服务（城镇棚户区改造和农村危房改造）纳入其中，如表4-5所示。因此，实现租赁赋权还有很长的路要走。但发达国家在住房保障体系，尤其是"租售同权"的做法上依然值得我国借鉴。

1. 打破身份歧视，保证承租人和产权人享有平等的公共服务权利。在西方发达国家相关社会制度中并未将住房租赁人和产权人区别对待，无论是教育、医疗，还是其他公共服务与社会保障领域，承租人与产权人均享有同等待遇。

2. 建立完备的法律体系，保护承租人的合法利益。在住房租赁市场建设上，发达国家最大的共性就是建立了一整套完善的法律法规体系。通过国家意志对合同中处于弱势地位的租房者利益进行保护。

3. 健全承租人保护制度，保障承租人合法居住权利。由于在合同关系以及其他实际问题中，承租人往往处于弱势地位，很多国家建立了严格的承租人保护制度以保障合同期内承租人的合法居住权利。

如表4-6所示。

表 4-5

国家基本公共服务标准（2023 年版住房部分）

一级目录	二级目录	三级目录	服务对象	服务内容	服务标准	支出责任
六、住有所居	15. 公租房服务	（52）公租房保障	符合当地规定条件的城镇住房、收入困难家庭	提供租赁补贴或实物保障	具体标准由市、县级人民政府确定	市、县级人民政府负责，引导社会资金投入，省级人民政府给予资金支持，中央财政给予资金补助
	16. 住房改造服务	（53）城镇棚户区住房改造	棚户区居民	提供实物安置或货币补偿	具体标准由市、县级人民政府确定	市、县级人民政府负责，引导社会资金投入，省级人民政府给予资金支持，中央财政给予资金补助
		（54）农村危房改造	居住在危房中的农村低保户、农村分散供养特困人员，因病因灾意外事故等刚性支出较大或收入大幅缩减导致基本生活出现严重困难家庭，农村低保边缘家庭和未享受过农村住房保障政策支持且依靠自身力量无法解决住房安全问题的其他贫困户	提供危房改造补助，帮助居住在危房中的农村低收入群体解决住房安全问题	由地方结合实际确定标准	地方人民政府负责，地方财政补助和个人自筹相结合，中央财政安排补助资金给予支持

表 4-6

部分境外租售同权情况

美国	英国	德国	日本	澳大利亚	中国香港
美国联邦政府的宪法保障流动人口与常住人口享有相等权益。此外，美国实行房产税模式，房产税的实际负担方在实际租赁关系中已转移到了承租方。当承租人缴纳租金时，其中已包含当地公共服务所缴纳的费用，因此含有承租人能够享受相应权益	英国的基础社会制度关注流动人口户籍制度保障，不区分住房产权人和承租人之间的差距，较好地实现了"租购同权"，保障居民享有同等的市民权利	德国实施全民户籍注册制度，户籍注册与住房直接关联，但与住房所有权无关，从根本上确保住房租赁和购买住房同权，是德国住房租赁制度落实的前提保障	日本宪法规定全体国民有权过上最低限度的健康文明的生活，保障租房者与业主享有均等化的公共服务	澳大利亚设立了推进基本公共服务均等化的专门机构；中央联合部。公共职能就是为全澳洲居民提供更便捷的公共服务，以更好地、统一地提供基本公共服务	政府保障租房与公共房在基本公共服务上同权，但想要享受更好的服务还需自费或者走私立通道

公共服务权益基本情况

	美国	英国	德国	日本	澳大利亚	中国香港
教育权利	公立学校承担保底功能，租房学生只要凭借居住证明就可以享受基础教育，与购房家庭的学生享受同等的就近入学	英国相继出台按"公平能力分组"和优先照顾低收入家庭学生的招生政策。根据"公平能力分组"政策，学校将按照学生的实际能力而不是居住地来招生	柏林等德国大城市的入学规则只区分学区而不区分有无房屋产权，租房者与购房者的子女在教育上享有平等的权利	义务教育阶段的公立学校约（约占全部学校约95%）全部免费并实施平等教育。租房买房并无区别，居民以实际居住地为准获得义务教育	澳大利亚基本有三类学校：公立、教会和私立。一般的公立学校租房者提供居住证明文件即可为子女申请入学名额。教会学校和私立学校则是自由择校，考上或者愿意缴纳高额学费即可。澳大利亚同样存在学区房，但租购房者均可就近入学	政府提供自幼儿园起15年的教育资补贴。大多数公立或者受政府资助的学校在招生时会有一定比例的名额用于就近入学，凭住址证明即可，并不区分父母是业主还是租客
医疗权利	美国政府主导的社会医疗保障集中于保障老年群体和弱势群体。买房和租房享受同等医疗服务。工作人群的医疗保险则由商业保险机构提供	英国全民公费医疗制度规定，凡是在英国正当居住的公民，都享有公费医疗系统的免费医疗保障（NS）。无论是否在当地拥有自有住房，都在公费医疗范围之内	—	日本实行全民医保制度，日本公民以及在日本有合法居留资格的外国人都可以加入全民医疗保险制度。并且保险中的医疗行为完全由政府掌控，价格不受市场调节	永久居民和公民都可享受医疗保险，形成以医疗保险制度为主、私人医疗保险为辅的医疗保险模式，不区分租房者与购房者	公立医疗的水平高，而费用却极低。公立医院采用预约制。一般的症状凭身份证登记即可，生育需要所在区的住址证明

第五章

租赁住房供给

第一节　租赁住房供给分类

一、我国租赁住房供给类型

（一）租赁住房供给理论

住房作为一种特殊商品，具有准公共产品的属性。让中低收入人群安居乐业会产生正的外部效应，对经济增长和社会稳定等方面均存在正向作用。同时，住房的外部效应并不能通过市场机制实现，消费能力分配不均将导致住房供给和消费不足，进而扩大社会差距，威胁到社会的稳定。住有所居是我国重要的民生目标，也是对居民基本居住权利的保障。因此，需要政府承担维护基本居住权利的职责，提供制度化的保证。租赁住房作为住房的供给形式之一，也同样具有准公共产品的属性，同样需要政府提供制度化的保证。

参照公共品，准公共品的供给机制一般可分为三种：政府供给机制、市场供给机制和志愿供给机制。政府供给机制是指按需方的权利分配公共品的机制，这种权利是得到社会广泛认可而且往往已经得到法律认可的。市场供给机制是指在经济自由的基础上，按照需方的支付分配公共品的机制，政府仅以行业监管者身份介入其中。志愿供给机制指接受利润不分配原则的约束、按供方的能力供给公共品的机制。

（二）我国租赁住房供应体系框架

经过三十多年的探索，我国租赁住房供应体系框架基本形成，主要包括保障体系和市场体系两大类。其中，保障体系的租赁住房是指政府为中低收入住房困难家庭所提供的限定标准、限定租金的住房。市场体系的租赁住房是指房屋的所有者或经营者将其所有或经营的房屋通过市场化运作交给房屋的消费者使用，并定期收取一定数额的租金（图5-1）。

保障体系的租赁住房包括公共租赁住房（含廉租房）和保障性租赁住房。公共租赁住房（含廉租房）主要面向城镇住房和收入"双困"家庭，是政府主导的、政府投资建设分配管理，具有社会保障性质的租赁住房。截至2021年7月，全国已有1600多万套公租房。保障性租赁住房主要解决新市民、青年人住房问题，强调政策支持，引导多主体投资、多渠道供给，为新市民、青年人提供70m²以下的小户型、低租金住房，解决其阶段性住房困难。在各地实践中，保障性租赁住房包括租赁住房用地或集体建设用地上新建租赁房、非居改建、新建商品住房配建等多种形式。

市场体系的租赁住房按住房供应来源可分为商品住房、农民私房和非居改建。按主体可分为机构出租房、私人出租商品住房和农民私房。按照资本投入和租赁住房属性，机构出租房又可分为轻资产、中资产和重资产三种类型。其中，重资产型是机构自持租赁房；中资产型是机构通过合作运营、整幢租赁等方式获得安居房、农民私房或非居房源，进行改建后出租；轻资产型是机构通过收储存量商品住房、安置房等房源再进行转租，以代理经租机构为主。

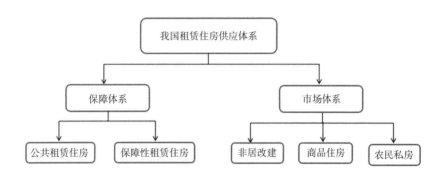

图 5-1　我国现行租赁住房供应体系情况

二、我国租赁住房供给情况

（一）租赁住房的供给主体以个人为主

租赁住房的供给主体以个人为主，近年来机构供给增长较快。我国租赁住房的供给主体包括政府、企业和居民个人三类。其中，居民自有产权住房出租是租赁住房供给的主要来源，政府保障性租赁房屋和专业租赁机构房屋所占比重较小，但随着住房租赁市场的发展，比重逐渐增加。近年来，一些人口净流入城市积极培育和发展住房租赁市场，不断探索和创新租赁住房供给方式。从供给主体来看，专业化、机构化住房租赁企业增长速度快，类型较多，通过各类住房租赁企业的市场化运作，更加有效匹配租赁住房的供给和需求，有效缓解了供需间的结构性错配问题，提高租赁住房供给效率，提升租赁住房质量以及租赁服务品质。

（二）租赁住房的建设筹集方式多元化

租赁住房的建设筹集方式更加多元化，主要可分为新建、改建和盘活存量住房三大类，如表 5-1 所示。除私人住房外，部分地方政府也通过一些政策创新探索拓展租赁住房的来源，包括全自持租赁地块新建租赁住房、利用集体建设用地建设租赁住房、商办房屋改建、城中村改造提供租赁住房、存量房改造提供租赁住房、企事业单位和园区利用自有土地建设租赁住房等。

租赁住房的筹集方式   表 5-1

建设筹集方式	土地和房屋性质	具体方式
新建	国有居住建设用地	商品房项目中开发企业配建或自持租赁住房；出让租赁住房用地建设租赁住房
	国有非居住建设用地	园区配建租赁住房；留白地建设租赁住房；企事业单位利用自有土地建设租赁住房；公交车站、综合停车场、变电站和消防站配建租赁住房
	集体建设用地	集体建设用地新建租赁住房
改建	商改租	宾馆、商业、办公等商业服务业用房改建为租赁住房
	工改租	厂区宿舍、办公楼或多层厂房改建为租赁住房
	其他非居住房屋改租	科研、仓储等用房改建租赁住房
盘活存量住房	存量住房	鼓励居民和单位出租存量住房；住房租赁企业收储商品住房、安置房等；城中村、老旧住房、棚改腾空房等改造提升用作租赁住房

（三）多层次的供给类型

与租赁人群的住房租赁需求相适应，租赁住房供给逐渐形成了包含"一套房""一间房"和"一张床"的多层次租赁住房供应体系。其中，针对家庭居住或高端人群的租赁需求重点通过市场化手段，提供交通便利、居住品质较好的租赁住房，改善"一套房"需求人群对居住安全、居住品质和租赁服务提升的追求；针对新市民、新就业大学生等人群，提供以公共租赁住房、保障性租赁住房等多种补偿手段综合的租赁住房，保障"一套房"或"一间房"需求；面向建设施工一线工作人员、城市运行维护人员（环卫、市政、绿化、轨交、物业等）和市民日常生活服务提供人员（快递、家政、医护等）等定向供应以"一张床"形式为主的租赁住房，保障这些群体的租赁需求。

（四）住房租赁机构的发展状况

近年来，为适应新型城镇化发展趋势，以满足新市民需求为主要出发点，中央和地方各级政府出台了相关政策，大力培育和发展住房租赁企业。国企、传统房地产开发企业、中介机构等企业积极参与租赁住房建设、拓展住房租赁业务。同时，住房租赁金融扶持力度不断加大，住房租赁市场的融资工具和手段也逐步丰富，不断推动规模化、专业化的住房租赁运营企业发展，机构持有的房源快速增长。具体来看，品牌长租公寓均集中在一线和热门二线城市。这些城市住房租赁需求较多，一方面是随着新型城镇化的不断推进，短期人口流动和迁徙衍生出大量的租赁需求；另一方面，由于不断上涨的房价导致部分家庭支付能力下降，部分大中城市的常住居民也需要通过租房满足住房需求。链家研究院数据显示，由于租赁需求集中，品牌公寓的成立及拓展区域均集中在一线和热门二线城市。其中，一线城市占比约60%，约120万间；二线及其他城市（以杭州、南京、苏州及西安等为代表）占比为40%。预测显示2025年我国房屋租赁市场规模将达到2.9万亿元，2030年将会超过4万亿元。

在经历了前三年的野蛮扩张和疫情考验后，住房租赁行业整合不断加速，市场逐步规范，收并购交易明显增加，政企合作模式也日渐成熟，头部品牌市场规模进一步扩大，集中式长租公寓成为市场主流。在疫情背景下，由于运营服务能力跟不上企业规模扩张速度，住房租赁机构的盲目扩张加剧了资金风险，一些长租公寓企业的经营弊端开始显现，"爆雷"、被收购接踵而至。房东东统计显示，2017年10月份统计的管理规模在2000间以上的品牌租赁机构大概在280家；到2019年初品牌租赁机构降至180家左右，其中真正实现跨区域、规模化的品牌公寓约为28家。根据《2020~2021中国住房租赁品牌发展报告》数据，截至2020年底，集中式长租公寓成为市场主流，占比约6成，分散式和服务式长租公寓品牌分别占比2成左右。

第二节 现有促进租赁住房供给相关政策措施

一、租赁住房相关的制度框架

我国住房供应格局由原来的重购轻租向租购并举转变，住房租赁相关的制度框架不断完善。

（一）与住房租赁相关的法律

为了加强对城市房地产的管理、维护房地产市场秩序、保障房地产权利人的合法权益和促进房地产业的健康发展，我国于1994年制定了《中华人民共和国城市房地产管理法》（已于2019年第三次修正）。

该法律规定，房屋租赁是指房屋所有权人作为出租人将其房屋出租给承租人使用，由承租人向出租人支付租金的行为。房屋租赁，出租人和承租人应当签订书面租赁合同，约定租赁期限、租赁用途、租赁价格、修缮责任等条款，以及双方的其他权利和义务，并向房产管理部门登记备案。

（二）国务院及国务院办公厅颁发的文件

为贯彻落实《中共中央关于建立社会主义市场经济体制若干问题的决定》，深化城镇住房制度改革，促进住房商品化和住房建设的发展，国务院出台了《国务院关于深化城镇住房制度改革的决定》国发〔1994〕43号。1998年，为进一步深化城镇住房制度改革，加快住房建设，国务院出台了《国务院进一步深化城镇住房制度改革加快住房建设的通知》国发〔1998〕23号，文件指出，对不同收入家庭实行不同的住房供应政策。最低收入家庭租赁由政府或单位提供的廉租住房；中低收入家庭购买经济适用住房；其他高收入的家庭购买或租赁市场价商品住房。

为加快培育和发展住房租赁市场，解决市场供应主体发育不充分、市场秩序不规范、法规制度不完善等问题，2016 年，国务院办公厅颁发《国务院办公厅关于加快培育和发展住房租赁市场的若干意见》国办发〔2016〕39 号，文件指出，到 2020 年，基本形成供应主体多元、经营服务规范、租赁关系稳定的住房租赁市场体系，基本形成保基本、促公平、可持续的公共租赁住房保障体系，基本形成市场规则明晰、政府监管有力、权益保障充分的住房租赁法规制度体系，推动实现城镇居民住有所居的目标。并从培育市场供应主体、鼓励住房租赁消费、完善公共租赁住房、支持租赁住房建设、加大政策支持力度以及加强住房监督监管等方面提出了明确意见和要求。2021 年，为解决进城务工人员、新就业大学生等新市民、青年人的住房困难问题，国务院办公厅印发《国务院办公厅关于加快发展保障性租赁住房的意见》国办发〔2021〕22 号，进一步完善了住房保障体系，明确了国家层面的住房保障体系的顶层设计。

（三）国家部委出台的相关政策

近年来，住房和城乡建设部等部委出台多项政策制度，从租赁住房用地供给、培育专业化住房租赁企业、支持租赁融资等方面推动租购并举。

增加供给方面。为增加租赁住房供应、缓解住房供需矛盾、构建租购并举的住房体系、建立健全房地产平稳健康发展长效机制，国土资源部会同住房和城乡建设部根据地方自愿原则，确定第一批在北京、上海、沈阳、南京、杭州、合肥、厦门、郑州、武汉、广州、佛山、肇庆、成都 13 个城市开展利用集体建设用地建设租赁住房试点，制定了《利用集体建设用地建设租赁住房试点方案》国土资发〔2017〕100 号。2020 年 10 月 29 日，《中共中央关于制定国民经济和社会发展第十四个五年规划和二○三五年远景目标的建议》提出要坚持房子是用来住的、不是用来炒的定位，租购并举、因城施策，促进房地产市场平稳健康发展。有效增加保障性住房供给，完善土地出让收入分配机制，探索支持利用集体建设用地按照规划建设租赁住房，完善长租房政策，扩大保障性租赁住房供给。

财政税收方面。为了配合国家住房制度改革，支持住房租赁市场的健康发展，2000 年，经国务院批准，对个人按市场价格出租的居民住房，其应缴纳的营业税暂减按 3% 的税率征收，房产税暂减按 4% 的税率征收。2008 年，为贯彻落实《国务院关于解决城市低收入家庭住房困难的若干意见》国发〔2007〕24 号精神，促进廉租住房、经济适用住房制度建设和住房租赁市场的健康发展，对个人出租住房取得的所得减按 10% 的税率征收个人所得税；对个人出租、承租住房签订的租赁合同，免征印花税；对个人出租住房，不区分用途，在 3% 税率的基础上减半征收营业税，按 4% 的税率征收房产税，免征城镇土地使用税。2021 年 7 月，为进一步支持住房租赁市场发展，财政部、国家税务总局、住房和城乡建设部发布《关于完善住房租赁有关税收政策的公告》财政部 国家税务总局 住房城乡建设部公告 2021 年第 24 号，住房租赁企业可享受增值税、房产税等优惠政策。

金融财政支持方面。2015 年，住房和城乡建设部、财政部、中国人民银行发布《住房城乡建设 财政部 人民银行关于放宽提取住房公积金支付房租条件的通知》建金〔2015〕19 号，规定职工连续足额缴存住房公积金满 3 个月，本人及配偶在缴存城市无自有住房、租赁住房的，可提取夫妻双方住房公积金支付房租。2018 年 4 月，中国证监会、住房和城乡建设部在总结前期工作的基础上，联合发布了《中国证监会 住房城乡建设部关于推进住房租赁资产证券化相关工作的通知》证监发〔2018〕30 号。推进住房租赁资产证券化，将有助于盘活住房租赁存量资产，提高资金使用效率，促进住房租赁市场发展。2019 年，根据《财政部 住房城乡建设部关于开展中央财政支持住房租赁市场发展试点的通知》财综〔2019〕2 号和《关于组织申报中央财政支持住房租赁市场发展试点的通知》，中央财政奖补资金标准按城市规模分档确定，直辖市每年 10 亿元，省会城市和计划单列市每年 8 亿元，地级城市每年 6 亿元。中央财政奖补资金可用于多渠道筹集租赁住房房源、建设住房租赁信息服务与监管平台等和住房租赁市场发展相关的支出。示范城市可以自主确定资金使用方案。2022 年 2 月，中国银保监会、住房和城乡建设部发布《中国银保监会 住房和城乡建设部关于银行保险机构支持保障性租赁住房发展的指导意见》银保监规〔2022〕5 号，进一步加强对保障性租赁住房建设运营的金融支持。2022 年 5 月，中国证监会办公厅、国家发展改革委办公厅联合发布《中国证监会办公厅 国家发展改革委办公厅关于规范做好保障性租赁住房试点发行基础设施领域不动产投资信托基金（REITs）有关工作的通知》证监办发〔2022〕53 号，强调推动保租房 REITs 业务规范有序开展，以发行公募 REITs 的形式扩大保租房投资，成为 2022 年金融支持政策施行的主要方向。2023 年 2 月 20 日，证监会发文明确将保障性住房、市场化租赁住房纳入不动产私募投资基金的投资范围。支持性金融政策的增加为保租房的发展提供了有力支撑，营造了适合发展的经济条件，同时保租房 REITs 的发行也改变了传统房地产行业"高周转"的销售逻辑，长期持有的运营逻辑有望成为行业主流，有利于进一步促进行业良性循环和健康发展。2023 年 3 月 24 日，国家发展改革委公布《国家发展改革委关于规范高效做好基础设施领域不动产投资信托基金（REITs）项目申报推荐工作的通知》发改投资〔2023〕236 号。通知中不仅提出将 REITs 发行范围覆盖到商业地产领域，也对保障性租赁住房领域 REITs 发行门槛适度降低，资金使用做了相应调整，有利于推动保障性租赁住房 REITs 的进一步发展。

市场秩序方面。为加强商品房屋租赁管理，规范商品房屋租赁行为，维护商品房屋租赁双方当事人的合法权益，根据《中华人民共和国城市房地产管理法》等有关法律、法规，2010 年 12 月 1 日，住房和城乡建设部出台《商品房屋租赁管理办法》。2020 年 9 月 7 日，《住房租赁条例（征求意见稿）》向社会公开征求意见。条例指出，出租住房的室内装修应当符合国家有关标准，不得危及承租人的人身健康。禁止将不符合工程建设强制性标准、消防安全要求或者室内装修国家有关标准的住房以及其他依法不得出租的住房出租。住房租赁企业等市场主体在从事住房租赁有关经营活动时，应当遵守《中华人民共和国反垄断法》《中华人民共和国反不正当竞争法》等的有关规定，禁止哄抬租金、捆绑消费等扰乱市场秩序的行为。2021 年 4 月 26 日，住房和城乡建设部、国家发展改革委等六部门发布《住房和城乡建设部等部门关于加强轻资产住房租赁企业监管的意见》建房规〔2021〕2 号。此次政策是长租公寓市场首个系统监管的政策，对交易备案、高进低出、长收短付等进行管控。2021 年 5 月，住房和城乡建设部办公厅发布《住房和城乡建设部办公厅关于集中式租赁住房建设适用标准的通知》建办标〔2021〕19 号，在工程建设标准方面为集中式租赁住房设计、施工、验收等提供依据，对推动切实增加保障性租赁住房供给具有重要意义。

权益保障方面。2017 年 5 月，《住房租赁和销售管理条例（征求意见稿）》鼓励专业化住房租赁企业长期经营，明确界定出租人与承租人的权利义务，切实保证租客利益。《住房租赁和销售管理条例（征求意见稿）》旨在规范住房租赁活动，维护住房租赁当事人合法权益，构建稳定的住房租赁关系，促进住房租赁市场的健康发展。

二、各城市探索经验

近年来，我国住房租赁市场快速发展，住房租赁规模逐步扩大。为加快培育和发展住房租赁市场，有效增加租赁住房供给，解决不同居民住房需求。近年来，北京、上海、杭州、深圳等城市先后出台了发展住房租赁市场、增加租赁住房有效供应的相关政策。

（一）土地：编制租赁住房专项规划，积极盘活存量房源

国家层面的相关政策对租赁住房的用地进行了相应规定。如，对租赁住房用地实施计划管理，通过编制租赁住房专项规划，明确租赁住房用地供应规模或比例、租赁住房建设面积等指标要求，并将其纳入年度土地供应计划。对租赁住房用地实行"净地"交付，允许企业分期缴纳土地出让价款。在产业集中的开发区、产业园区中，提高产业园区配套设施建设比例，鼓励企事业单位自建租赁住房。对于"商改租""工改租"等非住宅类项目转化为租赁住房，突破土地性质和用途限制，符合条件的项目可将土地用途调整为居住用地，补缴土地出让金后方可享受相关优惠政策。

对于新建租赁住房，合肥、长沙对租赁住房用地供应面积和租赁住房建设规模提出了明确的要求。合肥明确年度租赁住房用地供应面积（含配建）占新建商品住房用地供应面积约 15%；长沙明确三年内供应的租赁住房建筑总面积和每年应供应的租赁

住房建筑面积（2019～2021年不少于240万平方米，每年不少于80万平方米），并在某些区范围内根据土地级别确定租赁住房配建比例（一级土地范围内按项目住宅可建建筑面积的1%～2%的比例配建，二级3%～5%比例配建，三四级6%～10%的比例配建，五六级8%～12%的比例配建）。福州在出让土地时由市土地发展中心负责征迁补偿工作，实行"净地"交付。重庆允许企业分期缴纳土地出让价款，最长时限不超过1年。对于在产业园区内建设租赁住房，上海、南京、济南等将工业项目配建行政办公及生活服务设施的用地面积占项目总用地面积的比例上限由7%提高至15%，并明确重点用于建设集体宿舍、员工宿舍等租赁住房。在单位自建租赁住房方面，青岛鼓励利用自有存量建设用地建设租赁住房，土地用途、使用年限可以保持不变。

在非居住存量房屋改建方面，"工改租"中关于土地规划用途为工业、办公、仓储或者其他用途的房屋作为租赁用房使用，存在使用用途与规划用途不一致的问题，无法办理二次消防的图审和报建。对此，国家层面及大部分城市规定，对于"商改租""工改租"等非住宅类项目转化为租赁住房，需要将土地用途调整为居住用地，补缴土地出让金，方可享受相关优惠政策（例如：水电气可按照居民标准）。如，长春市对按照新用途或者新规划条件开发建设的项目，重新办理相关用地手续，重新核定相应的土地价款，土地使用年限和容积率不变，土地用途调整为居住用地，并按照租赁住房行业办理二次消防的图审和报建。福州市创新完善闲置工业厂房改建租赁住房工作导则，按照"缴几年，用几年"原则缴交土地收益金，不改变土地性质，减轻企业负担，引导闲置工业厂房改建。

（二）财税：拨付中央财政专项资金，给予税费优惠

对于在新建商品住房中配建、单位自建、蓝领公寓和利用集体建设用地建设等租赁住房，发放中央财政专项补助资金。对单位自建租赁住房免征房产税。对于符合要求参与"非改居"项目的企业减免房产税、城镇土地使用税、增值税及市政配套费等。

对于配建的租赁住房，南京、合肥、福州、郑州、济南、长沙、重庆等城市按建筑面积提供500～1500元/m²的财政专项资金支持。合肥明确房地产开发企业将可售商品住房转为租赁住房的，可暂不办理不动产登记手续；连续出租超过10年且终止租赁的，出售时可按照新建商品房办理销售和不动产登记手续，并按出售时税收政策缴纳相关税费。在单位自建租赁住房方面，合肥按照建筑面积200元/m²进行奖补。长沙对于企业和自收自支事业单位向职工出租的单位自有住房暂免征收房产税。在蓝领公寓方面，杭州拨付中央财政城镇保障性安居工程专项资金，专户存储、单独核算。在利用集体建设用地新建租赁住房方面，南京、合肥、郑州等城市提供400～600元/m²的中央财政专项资金支持。

对于非居住存量房屋改建，由地方政府积极搭建项目平台，完善优惠配套措施，

强调优惠政策落地。地方政府、产业园区管委会适时建立公开透明的闲置物业交易平台，鼓励国有企业将市中心交通便利的闲置物业改建为宿舍型租赁住房。对符合要求的企业减免房产税、城镇土地使用税和增值税、市政配套费。同时，明确商用水电气变更民用的操作途径。深圳市提出将"商改租"与中央财政奖补挂钩，改建项目可按规定申请中央财政城镇保障性安居工程专项资金，其用水、用电、用气价格均按照居民标准执行。改建后的租赁住房若纳入保障性住房体系的，可按规定享受相关政策优惠。

（三）金融：提供长期低息贷款，创新融资方式

鼓励金融机构加大对住房租赁企业的信贷投入，支持国家政策性银行和部分商业银行提供长期低息贷款。支持企业拓宽融资渠道。支持保险资金参与租赁住房建设。

对于新建租赁住房，在金融机构信贷支持方面，合肥、福州、深圳、济南、上海等提出鼓励商业银行和资本市场对住房租赁企业提供信贷支持、股权投资。福州市政府与建设银行福建省分行就政策性租赁住房合作，2020～2022年面向新增各类租赁住房配套安排信贷支持资金额度200亿元，最低贷款年化利率4.25%，最长贷款期限25年。在融资方式方面，深圳鼓励住房租赁企业或经营住房租赁业务的企业通过IPO、债券及不动产证券化产品等方式融资；自2022年8月31日以来，已陆续有四只REIT项目（分别为：红土创新深圳安居REIT、中金厦门安居REIT、华夏北京保障房REIT、华润有巢REIT）作为首批保障性租赁住房REITs试点项目正式上市。在申请贷款方面，利用集体建设用地新建租赁住房时，北京提出农村集体经济组织可以建设用地的预期收益，向金融机构申请抵押贷款。福州对于试点项目的土地使用权、在建工程或房地产，可整体抵押，抵押贷款资金仅限用于租赁项目自身建设和运营。

对于非居住存量房屋改建，重点鼓励政策性金融机构提供长期低息贷款，支持企业发行债券、不动产证券化产品，推进不动产投资信托基金试点。上海市探索政策性银行贷款产品，鼓励开发性金融机构通过合理测算未来租赁收入现金流，提供符合住房租赁企业经营特点的长期低息贷款等金融解决方案；进一步拓宽住房租赁企业的直接融资渠道，支持符合条件的住房租赁企业发行专门用于发展住房租赁业务的各类债券、不动产证券化产品。此外，还可借鉴国开行在棚户区改造过程中采用的"投贷债租证"方式，科学设计综合金融服务方案，扩大"债贷组合"范围。

（四）其他：将闲置安置住房转化为租赁住房，搭建管理平台

在盘活存量住房方面，将闲置的征收安置住房转化为租赁住房，增加租赁住房有效供应。在新建租赁住房所需程序方面，按照"特事特办，简化程序"原则，加快相关手续办理，并形成联合验收制度。在租赁住房管理方面，加强资金监管，搭建管理服务平台。

苏州、郑州将征收安置房源转化为租赁住房。苏州规定在住房租赁需求较为集中，且已建（在建）公租房、定销商品房、征收安置商品房等已满足保障需求的区域，可

将上述尚未安置的存量房源调整为社会租赁住房。郑州闲置安置住房转化为租赁房源，区域管委会负责前期收房、出资装修改造等事务，房源符合出租标准后，交由专业化国有房屋租赁企业进行运营管理。同时，项目采取收支两条线的方式，租金收入由租赁企业全额上缴区域管委会财政，其后由区域管委会向租赁企业拨付运营管理费用。当前，该项目主要由郑东新区国有平台公司实施运作，已累计收储安置房源594套，约5.57万平方米。

北京、杭州、郑州等提出对于租赁住房建设各流程要简化程序，建立快速审批通道，规划国土、住房和城乡建设、公安消防等部门进行联合会审、联合验收。西安、杭州、苏州等已开展租赁住房的资金监管，并搭建租赁管理服务平台，通过数据和手段对租赁住房市场进行监管。西安规定收储本市国有土地上的存量住房，并通过市住房租赁服务平台进行租赁交易的企业（"托管式租赁企业"），需在监管银行设立唯一的监管专用账户，对其租赁交易资金实施监管。杭州规定，对于"托管式租赁企业"，须在专户中冻结部分资金作为风险防控金，在特定情况下用于支付房源委托出租人租金及退还承租人押金，风险防控金不得随意使用。风险防控金的总额按住房租赁企业纳入租赁平台管理房源量对应的应付委托出租人月租金总额的2倍确定。成都建立了国内首个住房租赁交易服务平台，该平台已完成与公积金、公安户籍等政府部门，与建行"建融家园"、58同城、安居客、房天下、贝壳、中原地产6家社会机构平台，以及与自如等住房租赁企业业务平台的对接工作。

第三节 发达国家租赁住房供给制度比较借鉴

美国、德国、英国、新加坡、日本等国家在增加租赁住房供给的政策体制、租赁住房供给主体、促进租赁住房供给的扶持措施等方面，有一些可供借鉴的经验。

一、增加租赁住房供给的政策体制

从一些国家租赁市场的发展阶段来看，随着住房问题的变化，政府的住房政策也随之进行相应转变。美国、德国和日本等国家都经历了由政府主导到引导市场参与的转变过程，政策重心从提高供给到扶持需求、从国家管控向市场自由化逐渐转变。

美国在住房严重短缺时，地方政府承担建设公共住房的责任。但随着经济成长期的结束或福利国家开始转型，国家的发展更倾向于小政府、分权化和民营化。为了减轻政府建设公共住房的沉重负担，保障住房市场的良性发展，政府开始出台优惠措施，鼓励私人单位开发中低收入者住房。

德国住房政策历经国家大规模供给、多元化建设主体参与供给、市场需求扶持和市场化规范四个阶段，政策重心从提高供给到扶持需求、从国家管控向市场自由化逐渐转变。在不同的历史阶段，德国政府分别出台了不同的法律以应对不断改变的住房市场情况。其中，在供给端的政策支持主要体现在土地、资金、税收三个维度。支持对象方面，前期政府推动住房合作社和市政公司参与建房，后期政策进一步引导社会多元化主体共建住房保障体系。

日本的租赁住房政策经历了三个阶段。第一阶段是第二次世界大战后住房供需不平衡时代，以政府主导的公营住宅为主，公团住宅、公社住宅为辅。第二阶段是房地产泡沫时期，这个阶段经历了从"以公共住房供给为主的体系"到"完善市场机制、引导市场、补充市场"的转变。第三阶段为目前的人口老龄化时代，住房政策重点为促进租赁型保障房向年轻家庭倾斜、发展房地产证券化以及实施定期借家制度等。

二、租赁住房供给主体培育方面

在租赁住房供给主体培育方面，除居民个人、专业化租赁企业和政府部门外，一些国家还发展出了其他供给主体。比如：美国的组团基金、住房信托基金、政府和社会机构合作提供租赁住房，地区的大型非营利住房组织、住房合作社、社区土地信托互助住房协会等通过互助方式提供租赁住房；德国的市政住房协会和住房合作社等公共租赁机构、教堂及非营利性组织；日本的公团住宅。

美国参与租赁住房供应的主体呈现多元化特征，主要包括以下几类：市场化租赁住房的供应主体包括长租公寓 REITs、居民个人、公寓出租企业、组团基金、住房信托基金、政府和社会机构合作提供租赁住房。其中，专业化的公寓出租企业是最重要的主体；保障性租赁住房的供应主体主要包括政府性质的机构，如联邦住宅管理局（FHA）、地方公共住房委员会（PHA）、公共工程管理署（PWA）、住房金融管理部等。此外，还有部分基金项目也参与保障性住房供应；参与租赁住房供应的社会化力量包括社区开发公司（CDCs）、全市或地区的大型非营利住房组织（如社区建造商）、为无家可归者和其他特殊需求者提供支持性住房的非营利性机构（如教会等）。此外，由于对政府以及市场提供住房的失望，使得人们寻求在市场以及政府之外，通过互助的方式解决成员的住房问题。

根据德国 2014 年微普查和 GdW 年度统计的数据，德国的租赁住房供应以市场化主体为主，最主要的供应者是私人房东，私人出租在租房市场中占有 60.6% 的比例。租赁机构也占比较大，占有 39.4% 的比例。公共租赁机构是租赁机构的主力军，主要有市政住房协会和住房合作社等。德国的租赁机构中，公共租赁机构提供的房屋数量占总数量的比率为 55%。

2021 年，日本存量住房有 6500 多万套，其中租赁住房占比近四成。租赁住房主要有民营住宅、公营住宅、公团及公社住宅、社宅四种类型，其中民营住宅占主导地位。供应主体以小规模业主居多，租赁市场上拥有 20 户以下的小规模出租业主占 61%，拥有 500 户以上规模较大的出租业主占 27.6%。经营住房租赁的公司也以小型、中型企业居多。租赁住房以机构集中管理为主。

三、促进租赁住房供给的扶持措施

（一）法律法规

法律法规方面，重点完善法律体系，通过立法确定解决居民住房问题的大政方针，为住房目标的实现提供了法律保障。

日本通过完善的法律体系对租赁住房市场进行规范和监管。包括：规范中介行为的法律，如《宅地建筑物交易业法》和《关于不动产的广告的公平竞争规约》等；与合同相关的法律，如《民法》《消费者契约法》等；规定各方权利关系的法律，如《借地借家法》《促进公寓重建顺利实施法》等；租赁关系登记的法律，如《不动产登记法》；租赁型保障房的法律，如《公营住宅法》《住宅公团法》等。

在住房发展方面，新加坡主要有《住房发展法》（Housing and Development Act）、《土地征用法》（Land Acquisition Act）和《中央公积金》（Central Provident Fund Act）。同时，政府还颁布了许多相关条例，如《建屋发展局法》《特别物产法》等，通过立法确定解决居民住房问题的大政方针，为住房目标的实现提供了法律保障。此外，中央公积金制度使政府积累了大量的住房建设资金，现已成为资金筹措的重要来源。

（二）土地支持政策

土地支持政策上，建议参考借鉴美国包容性区划政策，德国社会租赁住房使用权价值分期支付，新加坡强制征地的权力等。

美国实施包容性区划政策，通过给予容积率补偿、增加建筑密度、建设高度奖励、税收减免等奖励政策，要求开发商在新的房地产项目时预留一定比例作为可负担住宅，以低于市场售价或租金的标准售租给中低收入家庭。

为支持住房建设，德国政府大量购买土地，再将自有土地以低价卖给住房合作社和限制性盈利企业，并规定土地仅能用于建设公共住房，同时保留政府再次回购土地的权利。目前多数城市 1/4 土地归市政所有，这为社会房源的提供奠定了基础。随着住房供给主体的逐步多元化，低价土地的受惠对象已经扩展至私人企业（使用范围仍限制为公共住房）。

新加坡组屋建设用地的获取一部分来自于国家的直接转让，另一部分来自于从私人部门的强制征收。新加坡建屋发展局在《土地征用法》的授权下，拥有强制征地的权力，以确保新加坡公共住房建设能以远低于私人开发商购地价获取土地。由于所有的征地成本均由政府承担，大大降低了组屋的成本。组屋均为 99 年地契。

（三）金融支持政策

金融支持政策上，通过直接贷款、贷款担保、不动产投资信托基金、政策性金融机构等方式，为租赁企业提供长期稳定的资金支持。

美国的金融支持政策包括：为与政府合作建保障性住房的机构提供直接贷款、贷款担保或直接向低收入群体提供租金补贴，以及通过 REITs 对包括住房租赁在内的房地产租赁提供长期稳定的投资资金支持。

德国政府参与或直接投资设立促进住房建设的政策性金融机构，为私人投资建造低租金住房提供优惠利率贷款；通过设立住房建设基金，支持银行给予开发商无息或低息贷款。针对公租房开发企业，政府为其提供长达 30 年至 35 年的无息住房建设贷款。针对住房合作社，政府为其提供长期低息或无息贷款，贷款期限一般在 30～40 年，最长可达 60～65 年。另外，德国的抵押银行通过发行中长期全担保债券募集低成本的资金，再发放以土地、房屋及其他不动产为抵押的中长期贷款，有效降低了住房租赁机构长期贷款的利率。

由英国住房租赁经纪人协会（ARLA）在 20 世纪 90 年代中期推动并发展起来的"买了出租"（Buy-to-Let）住房按揭品种，是英国通过金融手段推动发展私人住房租赁市场的典型例子。"买了出租"住房按揭品种仅适用于个人或家庭，并不适用于经营租房业务的企业或机构。

新加坡建屋发展局的资金来源主要包括：物业租赁、管理和服务收入；政府贷款；组屋出售收入。政府贷款有抵押贷款（Mortgage Financing）、翻新融资贷款（Upgrading Financing）和住房开发贷款（Housing Development）三种。其中，住房开发贷款的利率随浮动的中央公积金存款利率变动，比其高 2 个百分点，贷款偿还期为 20 年。由于有政府担保，建屋发展局发行债券的性质与国家债券相当，受到较多投资者的青睐。

（四）财税鼓励政策

财税鼓励政策上，可对个人房东给予税收减免或免征资本增值税；对出租机构提供所得税和公司税的折旧扣除优惠、资本收益的免税制度；对开发商建设用于出租房的折旧率要高于建设普通住房、免征 10 年地产税；对 REITs 实施"穿透性税收待遇"等。

美国主要通过两种财税政策鼓励租赁住房供给。一是"低收入住房税费优惠"（The Low Income Housing Tax Credit，LIHTC）项目。联邦政府每年给各州分配税收抵扣的最高限额，规定开发商将 20% 的住宅开发作为可负担住宅，达到 30 年以上有效期，就可获得高额税费优惠。二是对 REITs 实施"穿透性税收待遇"，取得 REITs 资格的公司可以从企业应纳税收入扣除付给股东的股息。REITs 企业的收益与损失可以冲抵企业持有人的个人所得税应税收入。

德国政府针对个人房东给予税收减免或免征资本增值税。针对出租机构，德国政府主要提供两种税收支持手段：一种是所得税和公司税的折旧扣除优惠政策；另一种是资本收益的免税制度，即私人机构拥有所有权达 10 年以上免收资本利得税，10 年之内按边际收益率收取。针对开发商，用于租赁运营的投资性房地产在计算租金收入所得税之前可以按一定比例扣除折旧；开发商建设用于出租房的折旧率要高于建设普通住房，此举大大减轻了出租房开发商的税收负担；相对于建设用于出售的房屋，建设用于出租的房屋会得到更多的税收优惠；免征 10 年地产税，并在购买房地产时免征地产转移税。

新加坡通过税收优化及监管放宽支持 REITs 快速发展。新加坡政府在税收方面给予 REITs 大量优惠，包括避免双重征税、允许公积金投资 REITs、国内外个人投资者持有 REITs 获取的分红免税和外国公司在新加坡投资 REITs 享受优惠税率等。2014 年，新加坡有 33 只信托基金，总市值约为 600 亿新元，截至 2019 年 7 月，新加坡市场上已经超过了 40 只信托基金，总市值也超过了 1000 亿新元。

（五）租金补贴政策

美国通过"租房券"对中等收入和低收入群体进行租金补贴，补贴额为家庭收入的 1/3 和区域的平均租金之间的差额。

日本对住房困难的低收入者提供低租金住宅。房源包括政府直接建设、购买以及租赁。租赁的公营住宅叫作借上型住宅，是由民间事业者投资建设及保有住宅，地方政府向其租赁，再以低租金出租给低收入者。这种住宅既解决了低收入者的居住问题，又客观上帮助消化了市场上的租赁住房供给，在一定程度上保护了部分租赁住房投资经营者的积极性。

四、其他租赁住房供给相关经验

近年来，随着政府补贴力度下降、社会住房规模减小，德国私人供给主体仍有动力参与租赁市场，其原因在于德国租赁市场提供了一种相对安全的投资方式。德国住宅租金收益率稳定在 3%～5% 的较高水平，远超德国 10 年期政府债券的收益率，房主主动出租房屋意愿强。此外，在德国存款利率、国债收益率处于低位的背景下，一些低风险偏好的投资机构，如信贷机构、保险公司、房地产基金公司等积极参与市场供给。

英国政府出台了一些增加私人租赁住房供给，保持私人租赁房租稳定的措施。如"建房出租计划"（Build to Rent）中通过投标方式获得融资支持的开发商建成的住房需用于私人租赁。私人租赁部门担保计划允许社会投资者向政府申请贷款担保，但所获贷款必须用于购买新建住宅，购买的新建住宅需投入租赁市场。为了减轻青年人的租房负担，2015 年，英国出台了"帮助租房计划"（Help to Rent）。满足条件的英国年轻人可以获得政府提供的最高金额为 1500 英镑（伦敦地区为 2000 英镑）的低息贷款。

日本对租金管控经历了由紧到松的过程。在房地产泡沫期之前，日本实施了较为严格的租金管控措施，然而在房地产泡沫时期，为了促进房东供给租赁住房，从而缓解高房价为民众带来的压力，日本从法律上放松了对租金和租约的管制。

新加坡建屋发展局（HDB）对租赁住房市场实施动态精细化监管。在房源方面，HDB 对出租人、承租人双方的资质均有详细的规定。同时，对不同房屋类型也制定了差异化的承租人数量标准。此外，结合宏观经济环境的发展变化，租赁住房市场的监管内容也在动态调整。当前，私人公寓的供给量较多，租赁住房市场总体上处于"租客市场"。加之近年来新加坡对海外工作证发放增速趋缓，造成租赁市场供大于求的情况。对此，建屋发展局提高了非马来西亚公民申请租赁住房的年限，对租赁住房市场进行逆周期调节。

　　境外促进租赁住房有效供给的经验汇总，如表 5-2 所示。

表 5-2

境外促进租赁住房有效供给的经验汇总表

租赁住房有效供应分类		可借鉴的措施	针对的对象	有利增加（实施的优点、作用等）	不利（实施可能遇到的问题、缺点等）	实施依据（原因、依据或借鉴来源）
主体营造		充分发挥市场力量。政府通过拟定法律、提供优惠措施，吸引市场机构参与租赁住房供应	各类市场机构	私人部门在提供服务方面更灵活、更有效率，能够引发竞争从而提高服务质量	需要相关的监管措施加强对市场机构的约束	美国
		鼓励民间企业建设和运营保障房，为民间企业建设公共住房提供土地、补助金和零息融资等优惠	民间企业	一方面减少了政府的财政负担，一方面为民间企业打开了个人公共事业的商机	民间企业可能会为减少成本而降低租赁住房质量。另外，补贴也可能作他用	日本在 20 世纪八九十年代的房地产泡沫时期开始实施货币政策
		科学、高效的机构设置，形成制度保障	—	—	—	新加坡
供给类型		专业化的公寓出租企业是最重要的主体	—	—	—	美国
		租赁住房以机构集中管理为主	租赁住房托管机构	规范住房租赁市场，有利于供后管理	增加租金成本	日本 90% 以上民营租赁住宅由住宅资产管理公司参与管理，其中，25.5% 的民营租赁住宅运营部分委托机构管理，65.3% 完全委托机构运营，而业主自行管理的仅占 9%
		组屋、私人公寓	组屋：低收入者其所在家庭；私人公寓：主要面向海外留学生或者海外工作人员	—	—	新加坡
扶持政策	新建土地	包容性区划。通过给予容积率补偿、增加建筑密度、建设高度奖励，税收减免等政策，要求开发商在新的房地产项目时预留一定比例作为可负担住宅，以低于市场价售租给中低收入家庭	新建房地产开发项目	—	—	美国

续表

租赁住房有效供应分类		可借鉴的措施	针对的对象	有利增加（实施的优点、作用等）	不利（实施可能遇到的问题、缺点等）	实施依据（原因，依据或借鉴来源）
扶持政策 新建	土地	为支持住房建设，德国政府大量购买土地，再将自有土地仅低价出让，并规定土地仅能用于建设公共住房，同时保留政府再次回购附有土地权利	住房合作社、限制性盈利企业和私人企业，使用范围限制为公共住房	—	—	德国：1951年《住宅所有权和长期居住权法》将土地使用权和土地所有权分离，土地会租赁住房，只限于社会租赁住房，并且使用权价值可以分期支付
		立法管理、组屋优先	新加坡建屋发展局在《土地征用法》的授权下，拥有强制征地的权力，以确保新加坡公共住房建设能以远低于私人开发商购地价获取土地	组屋土地成本价格较低	—	新加坡
	财税	税收优惠、税收减免、税收返还等	各类市场机构	税收政策支持是政府部门鼓励住房供应者增加租赁住房投资的重要举措，有利于激励市场主体参与房屋租赁，从而增加供给	—	美国
		税收优惠、税收减免、税收抵扣额度等	个人、出租机构、开发商	增加住房供给	—	德国
		房地产REITs的税优惠	新加坡政府在税收方面给予REITs大量优惠，包括避免双重征税，允许公积金投资REITs，国内外个人投资者持有REITs获取的分红免税，外国公司在新加坡投资享受新加坡税优惠税率等	—	—	新加坡
	金融	通过REITs对房地产租赁提供长期稳定的资金支持	—	拓宽资金来源	—	美国、新加坡

续表

租赁住房有效供应分类		可借鉴的措施	针对的对象	有利增加（实施的优点、作用等）	不利（实施可能遇到的问题、缺点等）	实施依据（原因、依据或借鉴来源）
新建	金融	政府贷款利率浮动	住房开发贷款的利率随中央公积金存款利率变动，比其高2个百分点，贷款还期为20年	建设资金筹措来源较广	—	新加坡
	法律法规	日本《宅地建筑物交易业法》《民法》《借地借家法》《促进公寓重建顺利实施法》《公营住宅法》《住宅公团法》等	中介、租赁合同、租赁关系等	—	—	日本
		新加坡《住房发展法》（Housing and Development Act）、《土地征用法》（Land Acquisition Act）、《中央公积金》（Central Provident Fund Act）	—	中央公积金制度使得积累了大量的住房建设资金，现已成为资金筹措的重要来源	—	新加坡
盘活存量住房	其他	德国较高的住宅租金收益率	房东	相对安全的投资方式，收益率高，房东出租意愿强	—	德国
		建房出租计划（Build to Rent）、私人租赁部门担保计划、帮助租房计划（Help to Rent）等	开发商、社会投资者、青年租客	—	—	英国
扶持政策		借上型住宅。由民间事业者投资建设及保有住宅，地方政府向其租赁，再以低租金出租给低收入者	政府	既解决了低收入者的居住问题，又客观上帮助消化了市场上的租赁住房供给，在一定程度上保护了部分租赁住房投资经营者的积极性	流程比较复杂，政府的积极性不高	日本公营住宅应为方式之一
		新加坡建屋发展局对租赁住房市场实施动态精细化监管	租赁双方、房源等	规范租赁市场秩序	—	新加坡

第六章
租赁住房土地

第一节 总体情况

近年来，我国住房租赁市场快速发展，租赁住房规模逐步扩大。加快推进租赁住房建设，增加土地供给是关键。各城市多措并举，不断拓展租赁住房建设用地来源，以多种渠道建设租赁住房，力求增加租赁住房供应。目前，我国租赁住房建设用地的来源主要包括租赁住房用地（Rr4）、集体建设用地和存量用地等。

一、租赁住房用地

为保证租赁住房的土地供应以加大租赁住房供给，从 2017 年开始，上海率先推出租赁住房用地（Rr4），其他城市陆续跟进并推出租赁住房用地。租赁住房用地仅能用于建设租赁住房，是经营性用地的一个重要组成部分。

租赁住房用地一般有多种来源，以上海市为例，租赁住房用地的来源包括收储闲置用地、土地变性（住宅用地、商业用地、产业用地等）、国有企业自有用地及城市发展备建用地等。同时，租赁住房用地在出让时也会附加一系列出让要求，对土地的出让价格、自持条件、建成后的供应范围等做出规定。如上海的租赁住房用地出让地价约为同期同片区宅地的 20%，且一般规定"自持 70 年""只租不售"等；同时多数土地规定需要优先为园区内各类创新创业人才提供居住配套服务，对地块打造产品的面积、套数、公共区域及生活配套等均有一定要求。2021 年发布的《上海市住房发展"十四五"规划》，其中对于租赁住房，尤其是保障性租赁住房的供应要求进一步提升。根据规划要求，2021 年上海纯租赁住房用地供应再次提速，成交总量创下 2017 年以来的新高。

二、集体建设用地

2017 年 8 月，原国土资源部会同住房和城乡建设部印发《国土资源部 住房城乡建设部关于印发〈利用集体建设用地建设租赁住房试点方案〉的通知》国土资发〔2017〕100号，按照地方自愿原则，在超大、特大城市和国务院有关部委批准的发展住房租赁市场试点城市中，确定租赁住房需求较大、村镇集体经济组织有建设意愿、有资金来源，政府监管和服务能力较强的13个城市（北京、沈阳、上海、南京、杭州、厦门、武汉、合肥、郑州、广州、佛山、肇庆、成都）作为利用集体建设用地建设租赁住房首批试点。2019年1月，福州、南昌、青岛、海口、贵阳5个城市又获批试点，试点城市扩容到18个。

各城市针对利用集体建设用地建设租赁住房在项目准入、布局、运营管理、租金等方面都作出了明确的规定。以北京市为例，规定集体租赁住房是农民集体持有的租赁产业（租赁物业），以镇级集体经济组织为主体，统一办理相关立项、规划及用地等手续。在符合规划的前提下，注重职住平衡，优先在产业比较完备、居住配套相对不足的区域布局，并配置必要的教育、医疗等居住公共服务设施。项目资金可通过多种方式筹集，包括：（1）集体经济组织自有资金；（2）农村集体经济组织以建设用地的预期收益，向金融机构申请抵押贷款；（3）由农村集体经济组织以土地使用权入股、联营的方式，与国有企业联合开发建设等。

利用集体建设用地建设租赁住房，可以增加租赁住房供应，缓解住房供需矛盾，有助于构建购租并举的住房体系，建立健全房地产平稳健康发展的长效机制；有助于拓展集体土地用途，拓宽集体经济组织和农民增收渠道；有助于丰富农村土地管理实践，促进集体土地优化配置和节约集约利用，加快城镇化进程。

三、存量土地

国家出台了一系列政策积极推进存量土地的盘活利用，《国务院办公厅关于加快培育和发展住房租赁市场的若干意见》国办发〔2016〕39号、《住房和城乡建设部 国土资源部关于加强近期住房及用地供应管理和调控有关工作的通知》建房〔2017〕80号、《住房城乡建设部等部门关于在人口净流入的大中城市加快发展住房租赁市场的通知》建房〔2017〕153号等政策中提到，盘活存量土地资源、增加租赁住房供给。另外，存量土地也是保障性租赁住房的重要筹集渠道之一，北京、上海、广州等地的保障性租赁住房政策中均明确保障性租赁住房可利用企事业单位自有闲置用地建设，"企事业单位自有存量土地，变更土地使用性质，不补缴土地价款，原划拨的土地可继续保留划拨方式"。

存量土地量大面广，是增加租赁住房建设用地和租赁房源的重要渠道。盘活存量用地既能发挥租赁住房供应主渠道作用，降低新市民的居住成本；又能改变以往粗放的供地模式，厚植城市发展优势。

第二节　租赁住房用地

党的十九大报告要求建立"租购并举的住房制度，让全体人民住有所居"，住房租赁试点、中央财政支持住房租赁市场发展试点、集体建设用地建设租赁住房试点三项工作并驾齐驱。通过保证租赁住房的土地供应，加大租赁住房供给，从 2017 年开始，上海及其他城市陆续推出租赁住房用地入市交易，租赁住房用地成为经营性用地的一个重要组成部分。

一、租赁住房用地出让情况

（一）2018 年租赁住房用地成交较多，主要集中于热点五城

2017～2021 年，全国租赁住房用地成交建筑面积共计 3014.36 万平方米。其中，2018 年住房租赁市场快速发展，上海、南京、杭州等租赁需求旺盛的城市继续加大租赁相关用地供应力度，青岛、成都等城市也相继加入推出租赁住房用地的行列，导致2018 年租赁住房用地成交量大幅增加，全年成交量达 677.67 万平方米，较 2017 年上涨 34.58%（图 6-1）。

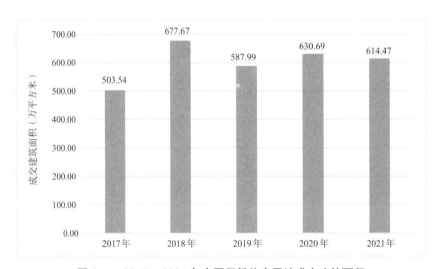

图 6-1　2017～2021 年全国租赁住房用地成交建筑面积

数据来源：克而瑞数据库

从租赁住房用地的供应分布来看，2017～2021 年纯租赁住房用地出让主要聚集在头部城市，尤以土拍市场热度较高的核心一二线城市为主，上海、杭州、广州、南京和成都五大租赁热点城市的土地供应量占比达 57.5%。其中，上海 2017～2021 年共供应租赁住房用地 942.5 万平方米，占比 31.3%，是全国租赁住房用地供应最多的城市（图6-2、图 6-3）。供应量较多的核心一二线城市经济发达、房价较高，同时产业发展旺盛、

外来人口规模大，在高房价和大规模外来人口的压力下，住房租赁需求较高，导致这些城市租赁住房用地供应力度较大。

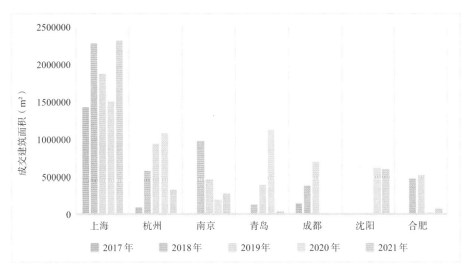

图 6-2 2017～2021 年部分城市租赁住房用地成交建筑面积

数据来源：克而瑞数据库

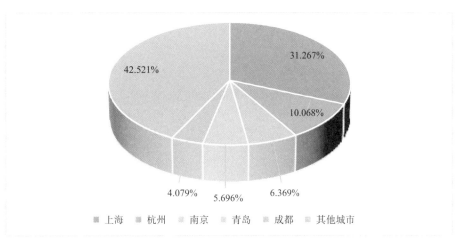

图 6-3 部分城市租赁住房用地分布比例

数据来源：克而瑞数据库

（二）核心五城租赁住房用地成交均价为城市住宅用地平均楼板价的五成，主要分布于远郊区域

由于政策性扶持等原因，多数城市租赁住房用地价格均大幅低于住宅用地。整体来看，租赁住房用地成交最多的五个城市的租赁住房用地成交均价约为城市住宅用地平均楼板价的 50%。杭州和南京的租赁住房用地平均楼板价相对较低，与住宅用地平

均楼板价的比值分别为 0.17 和 0.21；上海为 0.49；成都和青岛的比值较高，分别为 1.08 和 0.95。其中，成都的租赁住房用地大多分布于距离中心城区较近和交通比较便利的区域，因此租赁住房用地与住宅用地平均楼板价的比值较高。

如图 6-4 所示，该图是租赁住房用地价格与城市住宅用地均价的比较，实际上，如果比较租赁住房用地与周边居住用地的价格，其差距更大。以上海市为例，周边居住用地成交价格平均为租赁住房用地成交价格的 6.3 倍，中位倍数为 6.2 倍，最大倍数为 10.0 倍，最小倍数为 3.0 倍。上海市周边居住用地的成交价比租赁住房用地的成交价倍数大多集中在 6~7 倍（图 6-5）。

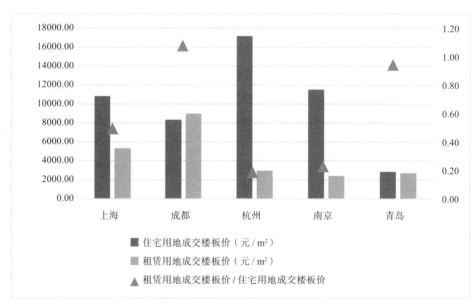

图 6-4　2017~2021 年核心五城成交租赁住房用地和住宅用地价格情况
数据来源：克而瑞数据库

整体上来看，全国租赁住房用地的分布主要集中于远郊区域，占比 48.275%。分布区域以远郊为主，可能是受城市发展成熟度限制，中心区域可用土地稀少（图 6-6）。另外，租赁住房用地在一定程度上是为了平衡城市发展空间，打造职住平衡的城市居住体系，解决人才居住问题，因此配合产业聚集区域的需求，更多分布于城市近郊和远郊区域，既有利于城市发展空间的平衡，又有利于人才住房问题的解决。

与全国情况不同，上海市租赁住房用地的区位以近郊区为主，占比 59.3%（图 6-7）。可能是由于近郊区分布有较多的产业园区和各类企业，是主要的工作人口聚集区，租赁需求比较多，如闵行区、宝山区、嘉定区等；且近郊区租金较中心城区低，而区位和交通通达性上又优于远郊区，特别是上海市促进城市多中心发展以来，近郊区的居住生活条件变得更为便利。

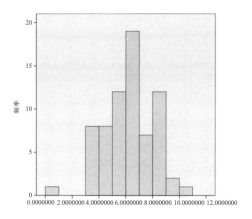

图 6-5　上海市居住用地价格与周边租赁住房用地价格比值情况

数据来源：根据中国指数研究院房地产数据库数据整理，数据截至 2020 年 4 月

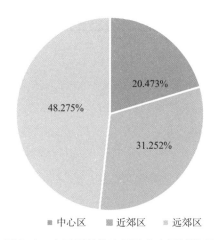

■ 中心区　■ 近郊区　■ 远郊区

图 6-6　全国租赁住房用地分布区域情况

数据来源：克而瑞数据库

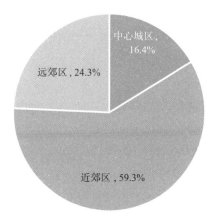

图 6-7　2017～2021 年上海市成交租赁住房用地分布区域情况

数据来源：中国指数研究院房地产数据库

（三）受让企业以国企为主

各城市租赁住房用地的受让单位大多为当地国企。如表6-1所示，该表总结了租赁住房用地供应热点五城的主要受让单位情况（截至2021年底）。单个企业成交租赁住房用地占比最多的是成都兴城人居地产投资集团股份有限公司，占成都租赁住房用地成交总面积的28.4%。

热点五城租赁住房用地受让单位情况 表 6-1

城市	受让企业	企业性质	成交面积（万平方米）	成交面积占比
上海	上海地产（集团）有限公司	国企	98.9	10.5%
杭州	杭州临平区保障房建设有限公司	国企	23.9	7.9%
南京	南京江北新区建设投资集团有限公司	国企	16.0	8.3%
成都	成都兴城人居地产投资集团股份有限公司	国企	34.9	28.4%
青岛	融创中国控股有限公司	民企	32.3	18.8%

数据来源：克而瑞数据库、天眼查

以上海为例，上海市租赁住房用地的受让单位大多为本市国企和国企控股公司。国企占比最高，为55.788%；其次是国企控股公司，占比23.160%；合资企业和私企分别占比7.366%和7.367%（图6-8）。租赁住房用地拿地最多的前三名企业为上海地产（集团）有限公司、上海张江（集团）有限公司和上海城投（集团）有限公司。租赁住房用地刚开始出让时，拿地企业较为集中，以国企房地产公司和园区企业为主，后期特别是2018年8月以后，即租赁地块出让一年后，拿地企业开始呈现分散化态势，不仅是国有企业，很多国有控股企业也逐渐进入租赁住房用地市场。

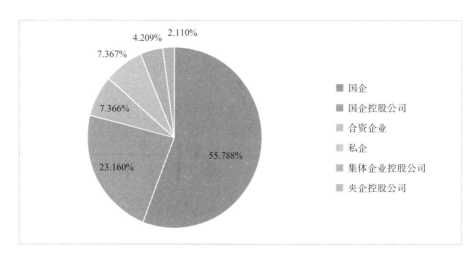

图 6-8　上海市租赁住房用地受让单位情况

数据来源：根据中国指数研究院房地产数据库数据、天眼查数据整理，数据截至 2020 年 4 月

（四）容积率大多在 2～2.5 之间，租赁住房社区以 500～2000 套为主

从全国范围内来看，租赁住房用地容积率大多在 2～2.5 之间，平均容积率为 2.08（图 6-9）。最低容积率为 1.01，有 2 幅，分别位于杭州东洲板块和青岛胶南小珠山板块。最高容积率为 4.5，位于深圳龙华区民治板块。核心五城的租赁住房用地容积率大部分在 2.0～2.5 之间，其中，成都的租赁住房用地平均容积率为 2.09，与全国平均水平较为接近；上海、杭州和南京的租赁住房用地平均容积率均在 2.3 左右，略高于全国平均水平；青岛的租赁住房用地平均容积率为 3.01，高于全国平均水平（图 6-10）。

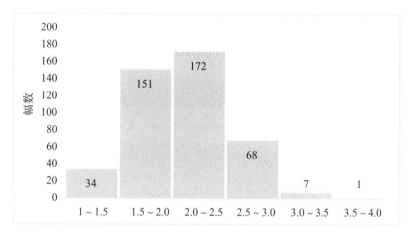

图 6-9 全国租赁住房用地容积率分布情况

数据来源：克而瑞数据库

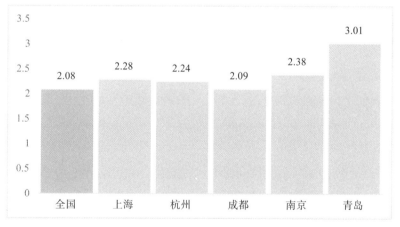

图 6-10 核心五城租赁住房用地平均容积率

数据来源：克而瑞数据库

从上海市租赁住房用地的容积率来看，大多为 1.5～3.0 之间，普遍高于周边居住用地容积率。33.3% 的租赁住房用地容积率在 1.5～2.0 之间，43.8% 的租赁住房用地

容积率在 2.0 ~ 2.5 之间，18.8% 的租赁住房用地容积率在 2.5 ~ 3.0 之间（图 6-11）。

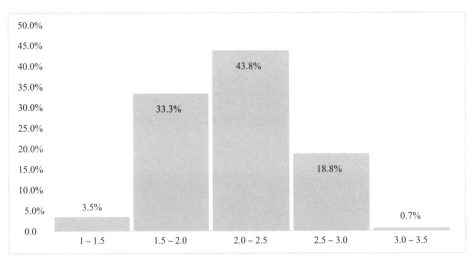

图 6-11 上海市租赁住房用地容积率分布图
数据来源：克而瑞数据库

从租赁社区体量来看，以 500 ~ 2000 套社区为主。根据对已成交租赁住房用地规模体量的统计（按照套均面积 60m² 的规划），1000 ~ 2000 套规模的社区占比 34.78%，500 ~ 1000 套规模的社区占比 32.92%（图 6-12）。集中式租赁社区更便于前期整体规划和完善社区配套，可以从整体上提升租住的生活品质和感受，但同时其供后管理和后期运营也给监管部门带来了挑战。

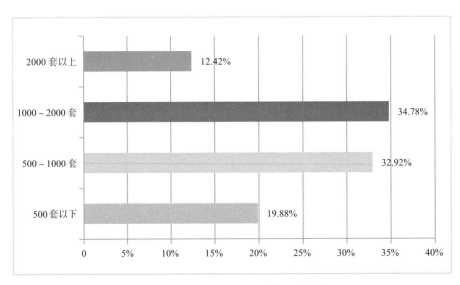

图 6-12 租赁住房用地社区体量分布情况
数据来源：克而瑞数据库，数据截至 2020 年 4 月

二、租赁住房用地存在的问题

（一）租赁住房用地开发融资困难

租赁地块的土地出让金对房企自有资金的占用量较大，多地块中标房企存在自有资金占用与周转的压力，且融资难度较大，特别是对于民企来说。经统计，截至 2020 年 6 月上旬，上海市共有 96 宗租赁住房用地，其中需交付 10 亿元以上土地出让金的企业排名前三的，分别是上海地产（集团）有限公司的 12 幅租赁地块，总价 69.08 亿元；上海张江（集团）有限公司的 7 幅地块，总价 20.06 亿元；上海城投（集团）有限公司的 6 幅地块，总价 33.44 亿元。三家企业均为资金较为充裕的大型国企，一般民营企业无法承受如此高的资金占用量，从侧面反映出当前租赁住房用地开发中严重的融资问题。除此之外，租赁地块作为抵押担保品时，金融机构抵押品处置权受制约，进而影响到金融产品的有效供给，也对许多企业造成了投资的制约。

（二）租赁住房用地出让缺乏相关政策和制度

租赁住房用地出让对于土地市场的健康发展具有非常重要的作用，目前涉及住房租赁的法律法规有《中华人民共和国民法典》《中华人民共和国合同法》《中华人民共和国城市房地产管理法》《商品房屋租赁管理办法》以及一些地方行政法规与部门规章等，然而对于规范租赁住房用地出让、防范土地交易寻租行为的相关法律却有所缺乏。一些地方行政法规与部门规章存在着行政管理职能弱化、租赁住房用地出让各方权益未得到充分保障、租赁住房用地交易相关标准不够细化和规则不清等问题，政策制度设计亟待完善。

（三）租赁住房用地分布区域较偏远

一些城市租赁住房用地区域远郊区占比过高，而这些地区对租客而言却普遍缺乏吸引力，造成供需错位不匹配。主要原因可能是中心区域供地较为稀缺，地价相比郊区高，进而对房地产开发企业资金要求更高等各方面综合原因造成。但租赁住房用地区域过于偏远，会影响未来租赁住房的出租率，并对职住平衡带来挑战。

第三节 集体建设用地

2009 年 8 月 12 日，《上海市人民政府办公厅转发市住房保障和房屋管理局等六部门关于单位租赁房建设和使用管理试行意见的通知》沪府办发〔2009〕30 号，提出要按照"政府引导、规范运作，只租不售、封闭运行"的要求，规范以单位自用土地建设职工宿舍及农村集体建设用地建设市场租赁房。同年，上海也开展了利用集体建设用地建设租赁住房的相关探索，并陆续在多区域进行了试点。其中，以闵行区七宝镇联明村的公租房项目——联明雅苑最为典型。在建设租赁住房之前，该地块已用于厂房和配套宿舍楼建设。随着30号文的发布，联明村村民以入股的方式集资8000余万元，将厂房改建为400余套租赁住房，即联明雅苑小区，由村集体管理运营，之后再分红。由于房租明显低于周边市场价，联明雅苑常年保持着较好的租住率，租户主要为周边企业职工和中低收入、无力购房的居民家庭。

对于利用集体建设用地建设租赁住房，部分城市也早已有所探索。《国土资源部住房城乡建设部关于印发〈利用集体建设用地建设租赁住房试点方案〉的通知》国土资发〔2017〕100号（以下简称"《试点方案》"）发布后，正式启动了本轮新试点。《试点方案》提出，"利用集体建设用地建设租赁住房，可以增加租赁住房供应，缓解住房供需矛盾，有助于构建购租并举的住房体系，建立健全房地产平稳健康发展长效机制；有助于拓展集体土地用途，拓宽集体经济组织和农民增收渠道；有助于丰富农村土地管理实践，促进集体土地优化配置和节约集约利用，加快城镇化进程"。《试点方案》又称，"按照地方自愿原则，在超大、特大城市和国务院有关部委批准的发展住房租赁市场试点城市中，确定租赁住房需求较大、村镇集体经济组织有建设意愿、有资金来源，政府监管和服务能力较强的城市"，开展利用集体建设用地建设租赁住房试点。北京、上海、沈阳、南京、杭州、合肥、厦门、郑州、武汉、广州、佛山、肇庆、成都13个城市成为首批试点城市。2019年又原则同意福州、南昌、青岛、海口、贵阳5个城市利用集体建设用地建设租赁住房试点实施方案。至此，参加试点的城市增加到18个。

利用集体建设用地建设租赁住房试点工作开展至今，各试点城市积极探索，不断创新，在项目审批、运营、监管、保障等方面开展了一系列有益尝试。北京、上海、杭州等城市已有项目形成供应，为租赁住房体系形成了很好的补充。

一、政策意义

（一）有利于增加住房租赁市场的供应，缓解住房供需矛盾

随着我国工业化和城市化的快速推进，大量外来务工人员快速涌入城市。为节省居住成本，许多外来务工人员租住城乡结合部的农村房屋。但这些房屋普遍存在安全、卫生等社会问题。因此，因势利导利用集体建设用地建设租赁住房，集中建设，集中管理，不仅能增加房屋供应、缓解住房租赁市场的区域性供需矛盾，也能满足安全和卫生要求。

（二）有利于盘活农村"沉睡资产"，提高经济效益

通过多种途径盘活集体建设用地，能够提高农村土地资源的利用效率，创造巨大的经济价值，实现富民强村，促进农民增收、农业发展、农民进步，利用经济收益推动农村基础设施和公共服务设施的完善。

（三）有利于释放改革红利，推进国家战略实现

利用集体建设用地建设租赁住房是我国新时代城乡住房制度和土地制度改革的重要创新，能够激活内生动力，实现内循环，助力全面推进新型城镇化发展和乡村振兴

等国家战略的实现。

二、措施梳理

《试点方案》中明确了试点内容，包括完善试点项目审批程序、完善集体租赁住房建设和运营机制、探索租赁住房监测监管机制、探索保障承租人获得基本公共服务的权利等。

整体来看，各试点城市根据实际情况，有针对性地落实了《试点方案》，但同时也呈现出一定差异，如表6-2所示。部分城市的试点方案没有明确对"承租人获得基本公共服务的权利"进行相应表述，部分城市在试点文本中增加了财税、金融工具、公积金等方面内容。例如：南京试点方案内容中增加了"加强与国家开发银行等政策性银行合作，支持以试点集体租赁住房项目预期收益向金融机构申请融资贷款"；佛山方案中增加"鼓励商业银行以项目用地使用权整体抵押担保、租金等应收账款提供质押担保、第三方主体提供保证担保等多种形式提供信贷支持"等；沈阳试点内容增加"可凭租赁备案证明提取夫妻双方住房公积金支付房租"；合肥试点增加"投资主体在税费、扶持和资金奖励等方面按照本市相关支持政策执行"。部分城市有所创新，如青岛明确集体土地租赁住房项目的套型结构和面积标准可参照公共租赁住房建设的有关技术规定；武汉则将"集体建设用地建设租赁住房试点"与"住房租赁市场试点"两项试点工作同步推进。

试点城市利用集体建设用地建设租赁住房政策比较 表6-2

试点内容	具体内容	政策比较
完善项目审批程序	规划许可制度	各城市要求项目符合规划，广州另行进行了总量控制，要求2020年全市计划建设集体租赁住房建筑面积300万平方米，每年批准建筑面积按100万平方米控制
	项目认定制度	多数城市规定项目认定审批程序包括申请、审批、备案以及在实施方案获批后办理立项、规划、用地、建设及不动产登记等手续。另外，广州规定利用节余存量宅基地等5种土地来源的用地开展试点审批程序。福州直接在方案中明确了5个首批试点地块，可以识别各地块的部分边界和土地面积
	建设竣工验收	佛山和肇庆明确规定健全项目报建和竣工验收机制，要求多部门联合参与现场验收及备案，肇庆则另外规定定期检查试点项目和上报结果。青岛市明确集体租赁住房项目的套型结构和面积标准可参照公共租赁住房建设的有关技术规定
	产权管理与限制	多数城市要求按项目整体核发不动产权证书，但肇庆、贵阳和佛山要求按幢核发。南京、合肥、南昌等城市规定项目不得抵押，广州和厦门则规定不得分割抵押
完善建设运营机制	土地或房屋供应	厦门、成都等城市皆要求供应存量集体建设用地，或以存量建设用地为主，其中厦门和成都另外提出可采取增减挂钩方式开发利用插花农用地。此外，广州详细规定了节余存量宅基地等5种供地类型
	资金来源	上海规定资金来源渠道包括自有资金、金融贷款、入股联营、村镇或村际合作投资。其他城市采用上述渠道中的一个或多个。另外，佛山提出通过住房租金收益权质押融资，如利用IPO、债券及不动产证券化产品等

试点内容	具体内容	政策比较
完善建设运营机制	运营方式	武汉、上海等城市规定了两种运营方式：一是由集体经济组织或入股、联营成立的新公司自行运营；二是委托专业住房租赁企业实施规模化经营。此外，沈阳探索"互联网＋租赁"运营方式，利用信息服务与监管平台统一运营管理
	收益分配	武汉、南京等城市规定兼顾政府、农民集体、企业和个人利益，建立投资收益以及土地所有权、使用权收益相结合的分配机制，充分考虑集体经济组织成员享受分红。其中，南京还规定在保障集体经济组织基本利益的前提下按投资比例分配收益。北京提出由集体经济组织民主制定分配方案。南昌、青岛、海口等城市由集体经济组织同合作主体协商确定
探索监测监管机制	价格监测	佛山、肇庆、海口等城市要求建立公开透明化租金定价及实施机制，其中佛山和肇庆规定建立基于信息化系统的交易价格监测监管制度，适当干预异常价格
	市场监管	南京、合肥等城市将集体租赁住房统一纳入住房租赁交易服务平台。合肥、广州、福州、南昌等城市建立了多部门守信联合激励和失信联合惩戒机制
探索基本公共服务权利	健全承租人社会保障机制	青岛规定依法登记备案的非本市户籍承租人申领居住证后，享受居住地医疗保障服务项目，符合条件的随迁子女按居住地入学政策接受义务教育。贵阳支持承租人子女在公办学校就近入学、为承租人就业创业提供扶持等

三、利用集体建设用地建设租赁住房的案例

（一）北京市

根据《北京城市总体规划（2016～2035年）》，2017年至2022年，北京要新供应各类住房150万套以上，其中租赁类住房约占30%，主要利用集体土地建设。2017年，北京出台《关于进一步加强利用集体土地建设租赁住房工作的有关意见》市规划国土发〔2017〕376号，加快推动项目开工建设。截至2020年5月底，全市累计上报开工项目35个、房源约5.2万套，户型以90m² 以下中小套型与职工宿舍类为主。大量项目陆续开工建设，既增加了租赁住房供应，又增加了项目所在地集体经济组织和农民收益，对稳定北京住房租赁市场，推进首都城乡统筹发展，促进集体土地优化配置和节约集约利用，发挥了积极作用。

1. 建立健全集体土地租赁住房建设管理政策体系

2017年以来，北京不断改革创新、加强政策集成，陆续出台了《关于进一步加强利用集体土地建设租赁住房工作的有关意见》《关于加强北京市集体土地租赁住房试点项目建设管理的暂行意见》《关于我市利用集体土地建设租赁住房相关政策的补充意见》《关于进一步优化政策性住房项目建设审批制度的意见》等多个政策文件，基本搭建起集体土地租赁住房建设管理政策体系，全面加强项目准入条件、建设主体、资金筹措、规划布局、租赁模式、审批程序、产权登记等管理工作。

2. 统筹规划选址

在统筹考虑首都城乡发展和产业整体布局的前提下，结合腾退疏解、减量发展要求，按照毗邻产业园区、毗邻交通枢纽、毗邻新城的原则，科学确定本区集体土地租赁住

房项目供应规模与选址。统筹考虑公共租赁住房轮候家庭、新就业无房职工、城市服务保障行业务工人员等租赁需求，明确房源性质与产品定位，促进职住平衡、产城融合。

3. 多方参与多主体建设

一是由乡镇、村集体经济组织自行投资建设；二是集体经济组织以土地使用权作价入股、联营的方式与国有企业合作建设；三是集体经济组织以项目经营权出租的方式与社会资本合作开发。从目前已开工的项目来看，既有经济实力较强的乡镇、村集体经济组织，也有华润、首创等中央、市属国有企业，以及万科、链家等民营、专业住房租赁企业参与。

4. 高标准设计建设

集体土地租赁住房可分类设计成套住宅、公寓、职工宿舍等多类型。市区有关部门组织专家对项目规划设计方案进行评审。所有集体土地租赁住房项目实施全装修成品交房，单身职工集体宿舍类租赁住房实施装配式装修。

5. 积极破解融资难题

积极搭建平台，协调国家开发银行、建设银行、农业银行、华夏银行等金融机构确定集体土地租赁住房长期贷款融资方案，向符合条件的农村集体经济组织、与国企合作的联营公司提供贷款。北京还积极申报中央财政，支持住房租赁市场发展试点，根据资金使用方案，2019年新增的租赁房源奖补资金不少于7.5亿元，大部分用于新建集体土地租赁住房项目。

同时，鼓励支持项目企业探索以发行企业债券方式融资，解决项目资金难题。目前首创集团的住房租赁专项债券已在上海证券交易所成功发行，首次募集资金20亿元。积极与人民银行营管部探索推进不动产投资信托基金，推动项目资产上市直接融资，降低融资成本。

6. 加强统筹协调

北京住房城乡建设部门把集体土地租赁项目纳入全市政策性住房建设计划，实行精细化管理，制定专门项目台账，按照开工时限要求倒排开工计划节点。同时，坚持问题导向，分层协调调度，主管市领导高位推动，及时召开专题会议研究解决项目推进过程中的重点难点问题；北京住房城乡建设部门牵头统筹，会同发展改革、规划自然资源等部门定期联合协调调度，加快推进项目前期工作。

7. 项目推进

在这轮试点中，北京首个开工的项目是位于南三环方庄桥西南角的万科泊寓成寿寺社区，由北京万科建设与运营，于2018年3月15日取得立项批复，8月23日取得"工程施工许可证"。由于租金价格和位置优势突出，该项目首期交付的235套房源，于2020年5月底试运营前7天就全部租罄，项目在同年7月正式营业。

（二）上海市

松江区作为全国 83 个集体经营性建设用地入市试点区域之一，也是上海集体土地入市建设租赁住房项目的唯一试点区。截至 2020 年 7 月份，松江区总共出让 6 幅集体经营性建设土地建租赁住房，土地面积 345551m²，可供应 5083 套租赁住房。

松江区循着深化"三块地"改革工作的思路，推出集体建设用地"1+5"配套文件，如表 6-3 所示，就农村集体建设用地中，土地利用总体规划和城乡规划为工矿仓储、商服等经营性用地的入市制度予以了明确。"1+5"配套文件充分保障利用集体建设用地建设租赁住房试点工作的开展。

松江区集体经营性建设用地入市"1+5"配套文件　　　　　　　表 6-3

类别	名称
"1"	上海市松江区农村集体经营性建设用地入市管理办法
"5"	上海市松江区农村集体经营性建设用地基准地价
	上海市松江区农村集体经营性建设用地土地增值收益调节金征收使用管理实施细则
	上海市松江区农村集体经营性建设用地使用权抵押贷款试行管理办法
	关于松江区建立农村土地民主管理机制的实施意见
	上海市松江区农村集体经营性建设用地集体收益分配管理规定

1. 土地入市流程

1）入市的类型和形式

符合规划并具备开发建设等基本条件的集体建设用地，可以采取协议、招标、拍卖或者挂牌等方式直接就地入市。入市形式包括使用权出让、租赁、作价入股等有偿使用方式。

2）入市决策

集体建设用地的入市，必须经过所属集体经济组织成员或成员代表会议三分之二以上成员或成员代表同意，并形成决议。土地使用权招拍挂办公室征询并拟定的出让方案，必须经过集体经济组织成员或成员代表会议三分之二以上成员或成员代表同意，经镇政府（街道办事处）审核，并报区政府批准后才能组织实施。

3）交易市场

集体建设用地入市实行与国有建设用地同等入市制度，在上海市统一的土地交易市场内进行，实行统一规则、统一平台、统一监管。

4）出让方式、年限和合同

出让方式采取协议、招标、拍卖或挂牌。出让年限参照国家与上海市有关国有建设用地的规定，最高年限与国有建设用地使用权年限等同。交易双方签订书面出让合同和监管协议，明确成交土地地块、面积、交易方式、成交总价款、调节金金额、缴纳义务人和缴纳期限等。监管协议由松江区农村集体经营性建设用地入市工作协调机构①（委托区规划和土地管理部门签订）、出让人和受让人共同签订。

2. 地价管理

1）定价流程

在"同地，同权，同价，同责"原则的指导下，集体建设用地的价格首先经有资质的估价机构进行市场评估，再经协调机构决策后，综合确定出让起始价。

2）集体决策

协调机构确定出让起始价过程中，一方面需结合评估结果和政府产业政策进行决策，另一方面决策采用的是集体决策的方式。出让起始价必须经集体经济组织成员或成员代表会议三分之二以上成员或成员代表同意。

3. 收益分配

集体建设用地出让价款由区财政专户统一收取，并按入市土地增值收益调节金以及出让收入扣除土地增值收益调节金以外部分分别处理。

1）土地增值收益调节金

区级财政参照国有建设用地使用权出让收益征缴、分配比例，征收集体建设用地入市土地增值收益调节金。租赁住宅的土地使用权参照商业办公用地执行，出让方、出租方、作价出资（入股）方按入市收入的50%缴纳。土地增值收益调节金在全区范围内统筹，优先用于支持松江区经济欠发达的浦南地区低效用地减量化、基本农田保护、农民集中居住，以及对镇（街道）级财政的补贴等。

2）出让收入扣除土地增值收益调节金以外部分

这部分收益归集体所有，即街镇集体所有（街镇经济联合社）或村集体所有（村经济合作社）。扣除出让成本后，主要用于本集体经济组织的经营性的再投资发展、改善本社集体组织成员的生产和生活配套设施条件、民生项目等支出，不断发展壮大集体经济。

集体经济组织经投资产生的收益，则作为分红定期发给集体组织的成员。集体建设用地入市分成收益作为集体积累，统一列入集体公积公益金进行管理，实行专户管理。将收益作对外投资、投资开发、购买物业等投资用途时，还需经规定的程序集体研究并经成员大会通过后才能实施。

4. 集体建设用地使用权抵押

通过入市取得的集体建设用地使用权可以设定抵押。设立抵押的，应由抵押人与抵押权人签订抵押合同并办理抵押登记。抵押物的范围包括集体建设用地使用权及其

---

① 协调机构应由松江区发改委、农委、经委、卫计委、环保、建设、规土、房管、水务、民防、交通、财政、文广、地块所在街镇及集体经济组织代表组成。

地上附着物。抵押物的价值应经抵押人和抵押权人认可的且具有评估资质的中介机构评估确定。集体建设用地使用权抵押登记的办法参照国有建设用地使用权设立抵押权的登记办法。抵押贷款逾期形成不良贷款的，提供贷款的金融机构有义务尽职追偿。同时，实施尽职追偿的金融机构，在符合补偿条件的情况下，可以按规定享受风险补偿。

5. 项目推进情况

作为上海首个集体土地建设的租赁住房项目，华润有巢国际公寓社区（泗泾店）（以下简称"华润有巢"）于 2021 年 4 月投入运营。项目共有 1264 套租赁住房，其中一室户（35～40m²）1136 套、两室户（60m²）128 套，平均租金约 90 元/（月·m²）。项目供应对象包含泗泾镇本地医生、护士、老师和 9 号线沿线工作人群等，租赁方式以散租为主，目前项目整体出租率达到 95% 以上。

（三）广州市

广州市利用集体建设用地建设租赁住房试点工作由广州市规划和自然资源局牵头，广州市住房和城乡建设局为配合单位。

1. 基本情况

2018 年广州市被纳入全国利用集体建设用地建设租赁住房试点城市以来，严格按照国土资源部批复的《广州市利用集体建设用地建设租赁住房试点实施方案》要求，稳妥有序地推进试点各项工作。经前期各区自行申报、备选项目分析、实地勘踏调研、村民表决通过并报市政府批准同意，10 个项目纳入广州市第一批试点。按照"成熟一个，推进一个"的工作思路，第一批试点项目中，花都区狮岭镇旗新村留用地项目和番禺区谢村村留地项目已取得《建筑工程规划许可证》，后续将加快推进办理施工许可；白云区长腰岭村广药生物医药产业基地地块已办理《建筑工程规划许可证》；花都区花山镇小垌村项目已取得《建设用地批准书》，正在进行方案设计；番禺屏山一村项目（5 个地块）正在加快推进规划条件申领工作；花都区秀全街九潭村项目已完成用地报批，正在抓紧推进完善相关用地手续。截至 2020 年 6 月，2 个项目已领取建筑工程规划许可证，建筑面积约 336193m²，租赁住房 3473 套。

2. 主要做法

1）大调研严遴选

广州规划部门对各区申报的试点备选项目分类分批开展实地调研，与属地区局、街道办和村集体进行座谈，细致解读试点政策意图、具体内容和审批程序，一再强调切实尊重村民意愿、将村民集体表决作为申报试点前提的重要性和必要性，对接了解村集体的真实意愿及需求，以及各个项目目前存在的主要问题和障碍，现场提出解决方案。

2）加强政策支持

广州允许原仅限于工业和商业开发的村集体经济发展用地（村留用地）参与试点，

用于建设租赁住房，拓宽了村集体经济发展用地（村留用地）的开发路径。同时，引导在中心城商业区、办公密集区域、大型产业园区、高校集中区域周边租赁住房需求量大、区域基础设施完备、医疗和教育等公共设施配套齐全的区域和轨道站点周边开展试点工作。试点项目须按居住功能安排配套设施、须符合城镇住房规划设计规范。涉及控规调整的，由属地区政府组织编制控规调整论证报告，经市规划部门审查并报市政府批准后，可将原用途调为住宅（租赁住房）用地。同时，在规划指标控制上给予积极支持。一是试点项目容积率指标不低于历史批复；二是租赁住房用地容积率按上限 3.0 控制，具体根据项目周边的市政交通和配套服务设施承载能力进行综合评估后予以确定；三是用地面积较小难以在本项目范围内落实公建配套的，在周边区域内统筹解决。优化审批程序，切实落实"放管服"改革要求，按照依法依规、事权下放、便民高效原则，简化审批程序，建设工程项目部分国土规划审批事项试行合并办理，办理时限和申请材料均大幅减少，不断加快项目审批，尽快形成有效供给。

四、运营方式

就各地试点方案和实践情况而言，集体土地租赁住房项目目前主要有三种开发运营方式，分别为集体经济组织主导、专业化机构主导以及合作开发运营等。

（一）集体经济组织主导的开发运营方式

在集体经济组织主导的开发运营方式下，集体经济组织作为开发主体，自筹资金，在农村集体建设用地上建设租赁住房，再由集体统一对外出租。该方式下，集体经济组织是土地和租赁住房的所有者，也是项目的主要出资者。集体经济较为发达、自主开发意愿较强的地区一般采用该种开发运营方式。大部分城市公布的试点方案将该种方式作为本市试点的可行开发运营方式之一。

上海小昆山资产经营发展有限公司开发的上海松江区小昆山镇 SJS40002 单元 11-04 号地块、上海九亭资产经营管理有限公司开发的上海松江区九亭镇 SJT00106 单元 10-07A 号地块、杭州市富阳区东洲街道建华村租赁住房项目，均采用该方式。

（二）专业化机构主导的开发运营方式

专业化机构主导的开发运营方式是指专业化机构通过出让、租赁等方式取得土地使用权或项目经营权，并由其投入资金开发、运营集体土地租赁住房项目。专业化机构的专业程度较高，对经营过程中发生的问题拥有一套成熟的解决方案，能够构建较为完整的专业化租赁服务平台，并且能够向承租人提供完整的专业化服务。

有巢住房租赁（深圳）有限公司开发的上海松江区泗泾镇 SJSB0001 单元 07-09 号地块、北京丰台区南苑乡成寿寺村集体土地租赁住房项目等，均采用该方式。

（三）合作开发运营方式

合作开发运营方式是集体经济组织通过联营、入股等的方式与合作对象合作开发集体土地租赁住房项目。该方式既可以吸收合作公司的资金优势或专业能力，又能保证集体组织成员的收益分配。大部分城市公布的试点方案将该种方式作为开展试点的可行开发运营方式之一。

杭州星桥街道枧山社区集体土地租赁住房项目、武汉黄陂区滠口村集体土地租赁住房项目，均采用该种方式。前者由政府主导、投资平台出资、国企代建、村集体经济组织经营；后者由武汉市保障性住房投资建设有限公司承担全部建设成本（占股85%），滠口村村民委员会以土地使用权作价入股（占股 15%）。

五、利用集体建设用地建设租赁住房试点工作存在的问题

集体土地租赁住房试点工作主要存在操作层面的规章制度缺失、项目定位不清晰、项目及周边规划待优化、租赁住房建筑设计标准待制定、资金融资渠道较少、税费减免支持不足、利益平衡因素复杂等问题。

（一）操作层面的规章制度缺失

2020 年 1 月《土地管理法》修订施行后乃至《民法典》通过后，破除了集体经营性建设用地直接入市的法律障碍，但相关规定仍较为原则。《土地管理法实施条例（修订草案）》又还处于征求意见阶段。因此，利用集体土地建设租赁住房在操作方面，缺乏法规、规章等文件依据，如集体经济组织成员的资格确定、生效表决的证明、集体建设用地使用权抵押等。从上海的情况来看，虽然多个区已初步完成对辖区内集体建设用地入市的可行性研究并形成方案，但碍于项目立项、报建、交易、抵押贷款等操作环节缺乏支撑依据，只能"一事一议"，难以系统性推进。

（二）项目定位不清晰

《试点方案》要求以满足新市民合理住房需求为主，但部分已经形成供应的项目与原定位存在一定程度的出入。如北京丰台区南苑乡成寿寺村集体土地租赁住房项目。经测算，该项目租金水平高于周边小区，不具有价格优势。据北京市统计局公布的数据，2019 年北京城镇居民人均可支配收入为 73849 元，该项目租金（20m² ~ 22m² 的一室为 3600 元 / 月）约占北京人均每月可支配收入的 58.5%；另据猎聘大数据研究院发布的数据，2019 年北京应届生平均薪资约为 9062 元 / 月，该项目租金约占北京应届生平均薪资的 39.7%。相比特定群体，这一租金水平偏高。

（三）项目及周边规划待优化

以上海市为例，集体建设用地往往位于郊区，此前片区可能缺少统一规划，导致后期在交通、商业、教育、医疗等配套设施建设上难度加大，项目存在交通便利性不足，公共服务提供能力相对较弱，虽有设施但不一定配套等现实情况，如华润有巢社区开通了社区班车以满足承租人最后一公里的出行需求。这些配套设施的缺失无法满足部分承租人尤其是家庭型承租人长期租住的需求。同时，项目可供用于建造配套公共服

务设施的资金有限，仅能满足住房者基本的社区生活服务需要。更高层次的公共服务配套的完善路径仍待进一步探索。如表6-4所示。

上海松江区集体土地租赁住房项目周边设施概况（半径3km范围）① 表6-4

地块名称	地铁	公交	幼儿园	小学	中学	卫生医疗	商场超市	公园
泗泾镇 SJSB0001 单元 07-09 号	√	√	√ (10↑)	√ (5)	√ (2)	√ (二级)	√ (7)	√ (1)
泗泾镇 SJS20004 单元 03-11 号	√	√	√ (10↑)	√ (5)	√ (2)	√ (二级)	√ (7)	√ (1)
车墩镇 SJC10022 单元 23-01 号	○	√	√ (4)	√ (1)	○	√ (村镇)	√ (2)	√ (4)
小昆山镇 SJS40002 单元 11-04 号	○	√	√ (4)	√ (1)	√ (1)	√ (村镇)	√ (2)	√ (1)
九亭镇 SJT00106 单元 10-07 号 A 地铁	√	√	√ (10↑)	√ (10↑)	√ (3)	√ (二级)	√ (7)	√ (2)
永丰街道新城主城 H 单元 H30-01 号 A 地块	○	√	√ (10↑)	√ (5)	√ (7)	√ (二级)	√ (10↑)	√ (5)

（四）资金融资渠道较少

租赁住房投资回收期长、久期②与流动性风险突出，主要体现在前期投入较大、中后期运营成本较高，难以吸引社会资本的参与。加之集体经济组织自身筹资能力较弱，部分试点城市又一刀切地禁止集体建设用地使用权和地上附着物的抵押，限制了通过抵押获得资金支持的方式，在一定程度上会提高项目开发运营的难度。

（五）税费优惠支持不足

国家层面缺乏针对集体土地租赁住房的税费减免政策方面的支持。集体土地租赁住房项目本身的前期投入较大，加之较重的房产税、城镇土地使用税等税费负担，易产生门槛效应，不利于提高社会资本参与租赁住房建设的积极性。

（六）利益平衡因素复杂

集体土地租赁住房项目涉及国家、集体、个人、开发（运营）单位以及承租人等各方面主体的利益。然而，各方所追求的目标不尽相同，势必存在冲突。国家追求社会公共利益最大化，希望增加租赁住房供应、缓解住房供需矛盾、确保税收收入正常、确保社会运行安全平稳等。而不同层级政府的考量也会因人口管理、征地补偿成本等

---

① "√"表示周边有设施，"○"表示周边没有相关设施。括号中的数字表示数量，"↑"表示"以上"。表格根据网络资料搜集整理，可能有偏差。

② 久期也称持续期，以未来时间发生的现金流，按照目前的收益率折现成现值，再用每笔现值乘以现在距离该笔现金流发生时间点的时间年限，然后进行求和。

因素影响而有所不同；集体经济组织追求集体利益最大化，希望提高集体所有的土地价值，增加集体组织及其成员的经济收益等；企业追求自身收益的最大化，希望减免税费、提高租金等；集体组织成员关心项目收益的分配等；承租人关心租金水平、居住品质以及自身权益保障等。上述利益需要由与之相适应的长效机制予以平衡，如租金定价机制、利益分配机制、监督监管机制等。

六、利用集体建设用地建设租赁住房推广应关注的几个问题

通过以上分析可以看到，推广集体建设用地建设租赁住房试点具有可行性。但各地未来应当遵循"统筹规划，分步实施，试点先行，逐步推广，收益共享"的原则，因地制宜地推进集体建设用地建设租赁住房工作。

一是集体建设用地土地增值收益分配要兼顾集体与个人的利益，做到公平公开。农村集体经营性建设用地入市及入市后再转让，能够让农村集体经济组织取得出让收益，这部分收益是村民重要的收入来源。在上海松江的做法中，农村集体经济组织以现金形式取得的土地增值收益，按规定比例留归集体后，在农村集体经济组织成员之间公平分配。同时，根据不同的入市途径，探索同镇区、跨镇区农村集体经济组织间利益分配机制。农村集体经济组织取得的土地增值收益分配办法、分配情况纳入村务公开内容，接受审计监督和政府监管。

二是要处理好新建集体建设用地建设租赁住房与原有农民出租房的关系，做到互补共赢。利用集体建设用地建设租赁住房均是参照国有建设用地建设要求，进行了土地利用全要素、全生命周期管理，因而住房品质有保障，相应租金价格会高于原有农民出租房。但新建集体建设用地建设租赁住房与原有农民出租房面向的供应对象是不同的，因而要注意处理好两者的关系，发展成阶梯型互补的租赁格局。

三是要关注利用集体土地建设租赁住房开发运营的成长空间，做到风险可控。一方面，利用集体土地建设租赁住房的主要目的在于增加租赁住房解决大城市居住问题，因而试点项目租金低于市场水平且涨幅有限，盈利来源较为单一，盈利空间存在瓶颈。另一方面，利用集体土地建设租赁住房建设资金来源渠道较少。试点项目投资回收期长、久期与流动性风险突出，主要体现在前期投入较大、中后期运营成本较高。

第四节　存量土地

除了新增的租赁住房用地、集体经营性建设用地之外，存量土地也是我国租赁住房建设的重要渠道之一。存量土地包括各企事业单位自有闲置土地、产业园区内闲置或低效利用的工业用地等，均为租赁住房来源提供了重要补充。

一、盘活存量用地建设租赁住房的政策基础

国家积极出台政策，推进存量土地的盘活利用。《住房城乡建设部 国土资源部关于加强近期住房及用地供应管理和调控有关工作的通知》建房〔2017〕80 号、《利用集体建设用地建设租赁住房试点方案》的通知国土资发〔2017〕100 号、《关于在人口净流入的大中城市加快发展住房租赁市场的通知》建房〔2017〕153 号等一系列政策，提到以存量土地为主，增加住房有效供应，积极盘活存量房屋用于租赁。2020 年中央经济工作会议提出，土地供应要向租赁住房建设倾斜，探索利用集体建设用地和企事业单位自有闲置土地建设租赁住房，国有和民营企业都要发挥功能作用。2021 年国务院办公厅印发的《国务院办公厅关于加快发展保障性租赁住房的意见》中明确了集体经营性建设用地建设、企事业单位自有土地建设、非居住存量房屋改建、产业园区工业项目配套建设、新供应租赁住房用地五条用地路径，并提出了一系列落实建设运营的支持政策。

各城市在国家政策的基础上，在利用存量土地建设租赁住房方面，进一步"因城施策"、细化要求、明确路径，不断推进租赁住房的建设发展。上海市出台相关政策，推动闲置或低效利用的工业用地再盘活，出台《上海市人民政府办公厅转发市住房保障房屋管理局等六部门关于积极推进来沪务工人员宿舍建设若干意见的通知》沪府办发〔2011〕39 号、《上海市人民政府办公厅印发〈关于加快培育和发展本市住房租赁市场的实施意见〉的通知》沪府办〔2017〕49 号等一系列政策，鼓励有条件的产业园区利用产业类工业用地，集中设置，配套建设单位租赁房、职工宿舍等租赁住房。

近年来，各城市新市民、青年人等群体的租赁住房问题受到了政府部门的高度关注，因此，增加保障性租赁住房供应成为各城市的共同诉求。随着保障性租赁住房的不断发展，存量土地也成为保障性租赁住房建设用地的重要来源之一。北京、上海、广州、深圳等地积极响应国家号召，全力推动保障性租赁住房发展，并已陆续出台相关保障性租赁住房政策。在各一线城市保障性租赁住房相关政策[①]中均将存量土地作为建设保障性租赁住房用地的筹集渠道之一，并明确了相应支持政策，提出利用企事业单位自有闲置土地建设保障性租赁住房，变更土地用途，不补缴土地价款，原划拨的土地可以继续保留划拨方式。

二、利用存量用地建设租赁住房的优劣势分析

（一）优势

第一，利用存量土地建设租赁住房是盘活存量资源、充分发挥存量土地作用的重

---

① 《北京市关于加快发展保障性租赁住房的实施方案》京政办发〔2022〕9 号、《上海市人民政府办公厅〈关于加快发展本市保障性租赁住房的实施意见〉的通知》沪府办规〔2021〕12 号、《广州市人民政府办公厅关于进一步加强住房保障工作的意见》穗府办〔2021〕6 号。

要途径之一。将生产经营效率低下的企事业单位闲置土地、产业园区内闲置或低效利用的工业用地等改建为租赁住房，有效提升了土地及地上建筑物节约集约利用水平，提高了存量土地的利用质量和综合效益。同时，许多拥有闲置土地资源的主体为国有企业，国有企业通过对存量土地和资产的盘活，进而盘活了国有资产，既提高了国有资产的使用效率，也提升了城市品质，服务社会民生。

第二，利用存量用地建设租赁住房有利于增加租赁住房供应、解决职住平衡问题。一方面，国有企业丰富的存量土地储备是增加租赁住房供应的重要基础。目前各城市租赁住房用地有约七成由国企获得，国企土地资源储备较为充足，可提供大量新建租赁住房。另外，国有企业相比民营企业拥有较多的闲置厂房、闲置办公设施及闲置土地等资源，存量资源储备也较为充足，盘活这些存量资源可以有效增加租赁住房的供应。另一方面，利用产业园区内闲置或低效利用的土地建设的租赁住房一般优先或定向供应本园区、本单位的员工居住，居住地与工作地距离相对较近，有效减少了员工通勤时间；且与市场化租赁住房相比，租金更加优惠，降低了员工居住成本。

（二）劣势

虽然利用存量土地建设租赁住房存在诸多优势，但从土地使用限制等方面来看也会存在一些劣势。在产业园区内利用闲置土地建设租赁住房的话，环保、配套等要求会相应提高，一定程度上造成部分资源浪费。居住类用地在环保、配套等方面的要求比工业用地严格，工业用地上租赁住房的建设也需满足居住类用地的各项要求，但实际用于满足产业工人需求的宿舍型租赁住房对于环保、机动车位、厨房等配套的要求相对较低，按照居住类用地要求进行审批既增加了实操中项目报规难度，也造成了一定程度上的建设成本浪费。另外，居住类用地对周边产业空间的布局、产业性质、产业用途、退距以及环保等会有相应的要求，周边一定范围内的工业生产安排相应受到影响，对周边产业生产和经营形成一定制约。

第七章
住房租赁融资

第一节　租赁住房融资的主要方式

一、住房租赁机构的主要经营模式

目前，住房租赁机构的经营模式有很多种分类方法，比如可按照运营住房分布、持有租赁住房产权情况、资本投入、运营主体、机构背景等方式分类。其中，较为常用的有：按运营的租赁住房分布，可分为集中式和分散式；按住房租赁机构是否持有租赁住房，分为轻资产模式和重资产模式；综合考虑资本投入和租赁住房属性，分为轻资产、中资产、重资产三种模式；按照运营主体和租赁住房属性将住房租赁机构分为集中式公寓运营、分散式代理经租、房地产开发三类。还有一些其他分类方法，如根据机构背景，分为开发系、经纪系、酒店系、创业系等机构；根据租赁群体，分为商务公寓、白领公寓、蓝领公寓等；根据租客属性，分为企业（B端）服务和个人（C端）服务机构。罗忆宁[①]（2020）建议可以按照主体关系分类法，即根据房屋产权主体、出租主体和运营主体之间关系的不同，将住房租赁经营分为自营、包租和代管三种模式。

住房租赁运营机构的融资方式与产权和资本投入关系紧密，因此，本章按照资本投入和租赁住房属性，将住房租赁机构分为轻资产、中资产和重资产三种模式。其中，轻资产模式指的是机构长期租赁分散的个人房源后转租。在轻资产模式下，企业通过与房屋所有者签订长期租约、委托管理、与持有方运营合作等方式获取房源，通过转租（包括对物业升级改造后转租）获得租金差或管理报酬。中资产模式指的是机构长期租赁整层或整栋房屋（包括商改租、工改租、城中村改造等）并装修改造后转租。重资产模式指的是机构自建或购买整栋房屋出租。在重资产运营模式下，住房租赁企业通过收购或自建获取并持有房源，装修后对外出租，企业拥有资产所有权和经营权。

---

① 罗忆宁.住房租赁经营模式分类方法研究[J].建筑经济，2020，41（7）：87-91.

中、轻资产模式前期沉淀资金相对较少，有利于企业在短期内快速拓展市场，但由于不具有所有权，企业融资更为困难。而重资产模式下，企业可以获得经营收益和资产升值收益，但是对资金的依赖度更高。

二、住房租赁机构的主要融资模式

2015 年以来，国务院、各部委多次专门发文鼓励金融机构按照依法合规、风险可控、商业可持续的原则，向住房租赁企业提供金融支持，为住房租赁企业拓宽融资渠道，促进住房租赁市场发展。目前，住房租赁市场发展的资金来源包括自有资金、银行信贷、债权融资、股权融资、中央及地方财政补贴资金、资产证券化和保险资金等。不同运营模式的住房租赁企业的主要资金来源不一致。在政策指引下，金融机构积极探索住房租赁市场发展的投融资服务创新，金融产品逐步覆盖到住房租赁全生命周期，住房租赁资产证券化成为重要创新方向，推动住房租赁行业的发展。同时，中央财政专项资金补贴范围较广，政策导向明确，各地在资金使用上有一定的自主性和灵活性，是住房租赁市场发展资金来源的有益补充。

（一）不同经营模式下住房租赁机构的融资方式

目前，我国住房租赁运营机构的经营模式，按资本投入和租赁住房属性，通常可分为轻资产、中资产、重资产三种模式。不同运营模式的住房租赁企业的主要融资方式不一致。其中，重资产运营的住房租赁企业融资方式以银行贷款和住房租赁专项债为主，而中、轻资产运营的住房租赁企业融资方式以股权融资为主，如表 7-1 所示。

住房租赁运营机构主要资金来源情况　　　　　　　　　　　　　　　　表 7-1

资金来源	主要融资方式	资金使用对象
银行信贷	住房租赁支持贷款、住房租赁购买贷款、购房租赁经营贷款、购房租赁抵押贷款、住房租赁质押贷款、个人租赁贷款等	重 / 中 / 轻资产项目
专项信用债	住房租赁专项债券	重资产项目
股权融资	私募股权投资（PE/VC）	重 / 中 / 轻资产项目
	首次公开募股（IPO）	
中央及地方财政专项资金	中央财政支持住房租赁市场发展试点专项资金；省、市财政专项用于支持住房租赁市场发展资金	重 / 中 / 轻资产项目
资产证券化	租金收益权 ABS	重 / 中 / 轻资产项目
	商业地产抵押支持证券（CMBS），包括银行间市场 ABN 和交易所市场 ABS	重资产项目
	类 REITs、公募 REITs	
	不动产投资信托基金（REITs）	
保险资金	通过发起设立债权投资计划、股权投资计划、资产支持计划、保险私募基金等	重资产项目
其他	融资租赁、众筹融资等	—

数据来源：Wind 资讯、CNABS、工行投行研究中心等

重资产运营的住房租赁企业融资方式以银行贷款、住房租赁专项债、资产证券化产品中的 CMBS、类 REITs 等为主。住房租赁专项债是事前融资工具，即资金主要用于项目建设和装修运营，相比普通债券，在发行节奏、审批速度等方面有更多的支持，因而受到重资产运营企业的关注。在募集资金用途方面，主要为住房租赁项目建设、装修改造及租赁支出、偿还住房租赁项目贷款等，以及补充公司运营资金。

相比重资产运营的住房租赁企业，中、轻资产运营模式的融资渠道相对较少。目前，这两类住房租赁企业融资方式包括股权融资、银行贷款、融资租赁和资产证券化等。中、轻资产长租公寓通常具有投资回收期长、盈利能力较弱、现金流不稳定、缺乏可抵押资产等特点，因此，股权融资成为中、轻资产类租赁企业的主要融资渠道。上市融资方面，青客公寓和蛋壳公寓分别在纳斯达克和纽交所成功上市，但二者在后续经营中均因资金链断裂陷入流动性危机而导致最终"爆雷"。

（二）住房租赁市场发展的投融资服务创新

2015 年以来，相关部门先后发文，为住房租赁企业拓宽融资渠道，支持符合条件的住房租赁企业发行债券，鼓励住房租赁企业发行以其持有的不动产物业作为底层资产的权益类资产证券化产品、发行具有债权性质的资产证券化产品、试点发行不动产投资信托基金，并规范保险资金投资住房租赁市场行为。在政策指引下，金融机构积极探索住房租赁市场发展的投融资服务创新，发挥金融工具的匹配性，利用创新金融产品和金融服务将住房租赁市场与金融市场有效衔接，推动住房租赁行业的发展。

金融机构积极探索住房租赁金融业务。银行、信托、投资基金、保险、互联网金融公司等各类机构均在住房租赁金融业务方面开展了有益的探索，政银合作、银企合作、银行住房租赁专项基金、消费金融、融资贷款、住房租赁资产证券化等各类投融资模式陆续涌现。政银合作方面，建设银行与地方政府合作，推出"CCB 建融家园"长租社区。银企合作方面，中信银行与碧桂园集团签署合作协议，未来三年将在长租住宅领域提供 300 亿元保障性基金，在长租住宅开发建设、投资孵化、持有运营、后期退出等全产业链进行整体业务合作，满足碧桂园在长租住宅领域的金融需求。

金融产品逐步覆盖到住房租赁全生命周期。随着住房租赁市场规模的不断扩大，为适应新形势下金融支持住房租赁市场发展的需要，满足租赁市场各方融资需求，住房租赁相关的金融产品也在不断丰富，逐步覆盖到住房租赁企业除拿地阶段以外的全生命周期金融需求。目前，银行表内住房租赁信贷模式主要有住房租赁支持贷款、住房租赁购买贷款、住房租赁抵押贷款、住房租赁应收账款质押贷款、住房租赁经营贷款、个人租赁贷款等产品，可以满足租赁住房建设、购买房源用于租赁、支付租金、改造装修房屋、家具家电配置、日常运营、盘活资产等全生命周期的金融需求。此外，一些长租公寓企业还通过融资性租赁（如家具售后回租融资）、众筹融资等方式缓解装修资金和短期资金紧缺问题。

住房租赁资产证券化成为重要创新方向。目前，我国住房租赁证券化主要有三种模式：轻资产的租金收益权 ABS、重资产的 CMBS 和资产证券化（即 REITs）。与其他融资产品通过融资来进行住房租赁的建设、装修等不同，资产证券化能够盘活已有住房租赁资产，即能基于已建成的存量资产进行再融资，以此进行新项目的投资和扩张，因而被认为是我国住房租赁市场发展的重要助推器。2018 年 4 月 28 日，证监会、住房和城乡建设部联合发布了《关于推进住房租赁资产证券化相关工作的通知》（下称《通知》），《通知》称，将重点支持住房租赁企业发行以其持有不动产物业作为底层资产的权益类资产证券化产品，积极推动多类型具有债权性质的资产证券化产品，试点发行不动产投资信托基金。我国已有越秀地产租赁住房类 REITs、新派公寓类 REITs、旭辉领寓类 REITs、碧桂园租赁住房 REITs 和国内首单央企租赁住房 REITs——保利租赁住房 REITs 等获批。2021 年 7 月 2 日，在国家发展改革委发布的《国家发展改革委关于进一步做好基础设施领域不动产投资信托基金（REITs）试点工作的通知》发改投资〔2021〕958 号中，保障性租赁住房纳入公募 REITs 中。2022 年以来，在我国公募 REITs 试点有了一定成效的背景下，保障性租赁住房 REITs 进入了快速推进阶段。截至 2022 年底，已有 4 只保租房公募 REITs 产品成功发行，分别为红土深圳安居 REIT、中金厦门安居 REIT、华夏北京保障房 REIT、华夏基金华润有巢租赁住房 REIT，募资总额约 50 亿元。REITs 作为长期股权投资基金，有助于解决资金错配问题、减少银行体系风险。对于住房租赁企业而言，REITs 通过提供新的融资渠道，帮助企业解决融资难题，实现轻资产运营，同时有利于企业业务的进一步扩张。而保障性租赁住房 REITs 的快速发展，使住房租赁企业能实现"开发，运营，金融退出"可持续发展的商业闭环模式。同时，公募 REITs 执行长期投资策略，具备专业的、主动的资产管理水平，有助于住房租赁市场的专业化发展。

　　（三）财政奖补资金

　　2019 年初，财政部、住房和城乡建设部先后下发《关于开展中央财政支持住房租赁市场发展试点的通知》《关于组织申报中央财政支持住房租赁市场发展试点的通知》，在部分人口净流入、租赁需求缺口大的大中城市开展中央财政支持住房租赁市场发展试点。目前，共有 24 个城市入选 2019 年和 2020 年中央财政支持住房租赁市场发展试点入围城市名单，部分城市已出台相关管理办法，明确了中央财政资金与地方财政专项资金的补贴对象及补贴标准、资金的拨付及使用等内容。中央财政专项资金补贴范围较广，政策导向明确，各地在资金使用上有一定的自主性和灵活性，是住房租赁市场发展资金来源的有益补充。此外，部分省、市还安排了省、市级财政专项用于支持住房租赁市场发展试点的配套资金。

　　总体来看，专项资金补贴范围较广，主要涉及租赁住房房源建设及筹集（利用集体建设用地、国有土地新建；利用商业、办公、工业等改建；盘活存量住房等）、专业化规模化租赁企业培育（租赁企业运营补贴；示范性租赁企业奖补；对公贷款利息支出贴息；住房租赁经纪公司备案补助等）、租赁数据信息化建设（租赁住房基础数据采集；租赁信息平台建设）、租赁市场相关研究等，基本涵盖租赁市场发展的各个方面。

补贴对象及补贴标准依据各城市租赁市场发展特点有所差异。一是补贴对象存在差异，各个城市专项资金使用侧重点并不相同。如北京新建房源补贴对象主要为利用集体土地建设租赁住房项目；上海包括新增建设用地、存量建设用地转型、集体建设用地，以及综合用地（土地用途含租赁住房）等。部分城市（合肥等）的财政资金奖补对象未包括新建和改建类项目。二是补贴标准不同。如北京、上海、广州、深圳、杭州针对蓝领公寓项目给予了更大程度支持。补贴的计量单位也有差异，主要有按建筑面积、套（间）等。

不同类型的补贴项目在资金的拨付和使用上存在差异。新建住房租赁项目大多按工程进度拨付补贴资金，但是在拨付比例以及具体时点上，各城市存在差异，资金主要用于补偿建安成本、借款利息等。改建类项目主要做法包括按项目进度支付和一次性拨付，资金主要用于补偿装修及运营成本。其他类型项目主要为一次性拨付。

专项资金申请的负面清单较为一致。目前，财政资金不得奖补情形主要包括主体方面以及房源方面。主体方面主要包括如存在不良记录、投诉率较高、违法违规行为，被列入异常经营名录、失信被执行人名单等存在明显市场风险的企业；房源方面主要从房源性质、租期、租金、产权性质、安全质量、面积等方面规定了不可奖补的情形。

表7-2为部分城市中央财政资金管理办法情况。

三、现有融资方式存在的主要瓶颈

（一）融资困难与盈利模式不清相互制约

住房租赁行业融资渠道相对比较狭窄、融资成本较高，一直是行业发展的痛点之一。同时，盈利模式的不确定性进一步加重了企业融资成本。近年来，政府不断加大政策扶持力度，住房租赁行业的融资方式逐渐多元化，融资规模也逐渐增长，有效地推动了租赁市场的发展。然而，住房租赁企业的盈利模式不清使得金融机构投融资更为谨慎，行业整体融资规模相对较小。调研显示，重资产运营企业方面，租赁住房用地项目开工进度过于缓慢，少有运营产品落地，企业对未来的商业模式仍处于初步探索阶段。中资产运营企业盈利模式逐渐成熟，但融资渠道较少，且融资成本受改建审批等环节时间长短的影响大。长租公寓行业租金回报率低、续租不稳定，平均2%~4%的租金回报率大大提高了资产证券化融资模式的风险，以至于发起人不得不通过各种增信措施来提高基础资产的信用，进一步加重了企业融资成本。寻找盈利模式与当下融资难是无法分割、相互制约的两个问题，这也是未来该行业必须面对与解决的难题。

部分城市中央财政资金管理办法汇总

表 7-2

城市	文件名称	申领要求 企业方面	申领要求 房源方面	补贴范围	补贴对象与标准	资金的拨付及使用
广州	广州市发展住房租赁市场奖补实施办法的通知 穗建规字〔2021〕13号	除下列情况以外：被列入异常经营名录、失信被执行人名单以及失信联合惩戒黑名单的企业；房源未录入"阳光租房"平台或者未办理住房租赁合同备案的企业或机构等两种情形的企业或机构的	除下列情况以外：在有关承诺协议约定中，未约定新建住房运营期不少于10年，房屋租赁持续经营期不少于8年，品质化提升为非住宅改造为租赁住房的租赁住房运营期不少于5年，控制租金涨幅，不得以租代售等条件；租赁期限不满6个月的短期租赁住房及主要满足旅游度假期需求不明晰；产权不明晰、违法建设、安全质量不符合《住宅建筑规范》GB 50368—2005的住房；建筑面积高于同地段144m²以上户型；或租金高于同类两倍的租赁住房；公共租赁住房项目；市政基础设施建设、城市更新等与住房租赁市场没有明显关联的项目	利用集体、国有建设用地建设租赁住房，办公、商业、工业、酒店等非住宅经批准改造为租赁住房品质化提升中村改造为租赁住房品质化提升、闲置住房品质化提升作为租赁住房；为环卫工人、公交司机等城市重要公共服务群体提供租赁住房的；一线从业人员等城市重要公共服务群体提供租赁住房的项目	利用集体、国有建设用地建设租赁住房的，补贴总金额不超过建安成本、工程建设其他费用、装饰装修费用总和的30%；商业、办公、工业、酒店用房等非住宅，经批准改造为租赁住房的，最高按建筑面积550元/m²给予补贴；租赁住房品质提升改造面积550元/m²项目最高按建筑面积积300元/m²给予补贴；为环卫工人、公交司机等城市重要公共服务群体提供租赁住房的，最高按建筑面积积550元/m²给予补贴	本办法规定的补贴资金，除用于租赁住房项目贷款贴息，应当按的补贴外，用于建设或改造进度分批拨付，仅限用于建筑工程支付的项目支出。申请人、奖补资金收或与建设部市（区）住房和城乡建设部门签订资金监管协议的，可全额拨付，按协议约定使用
南京	南京市住房租赁市场发展中央财政补助资金管理办法 宁财规〔2020〕1号	除下列情况以外：存在不良记录，投诉率较高，违法违规行为，被列入异常经营名录、失信被执行人，未纳入住房租赁服务监管平台／不进行住房租赁合同网约签案的企业	除下列情况以外：不设持续运营条件的项目，租期未满6个月的短期租赁项目，主要满足旅游度假需求的住房，产权不达标的违法违规建设、安全质量不达标的住房，大户型和高端租赁住房，公租房，市政基础设施建设、旧城改造等	补助资金主要投向租赁房源筹集、专业化规模化租赁企业培育、体制机制完善，租金监测，房源数据库建设等推动住房租赁服务监管平台建设等推动住房租赁市场健康发展的重要领域	租赁房源筹集按不高于2700元/m²补贴；专业化规模化租赁企业每家不超过100万元	新建房源按建设进度补助；改建房源相关部门验收合格并发布于住房租赁服务监管平台后一次性拨付

续表

城市	文件名称	申领要求		补贴范围	补贴对象与标准	资金的拨付及使用
		企业方面	房源方面			
杭州	杭州市中央财政支持住房租赁市场发展试点专项资金使用管理办法 杭房局〔2020〕108号	除下列情况以外：异常经营名录、失信被执行人名单或失信联合惩戒黑名单、违法房屋租赁经营或未办理房屋租赁合同网签备案、单套（间）建筑面积140m²以上或签约租金高于同时期同小区租金参考价2倍的租赁住房；公共租赁住房项目；城市更新等与住房租赁市场没有明显关联的领域的法人	除下列情况以外：未设置持续运营条件的、合同租赁期限未满足6个月的短期租赁住房或主要满足个人短期旅游度假需求的租赁住房；违法违规建设或不符合建筑安全、消防安全、室内空气质量等规定的租赁住房	（一）支持租赁住房筹集建设；（二）支持住房租赁住房运营管理；（三）支持住房租赁信息平台建设；（四）支持住房租赁相关研究	（一）支持租赁住房筹集，按建筑面积800元/m²且不超过项目实际建安成本给予分阶段奖补。蓝领公寓项目：按建筑面积1000元/m²且不超过项目实际建安装配建成本给予分阶段奖补；（二）支持住房租赁住房运营管理，分别按建筑面积和成交价合同支付；（三）支持住房租赁信息平台建设；（四）支持住房租赁相关研究，按实际中标成交价合同支付，通过政府采购方式，按实际支付	在项目开工阶段给予补上，项目竣工交付后给予奖剩余部分
合肥	合肥市促进住房租赁市场发展财政奖补资金管理办法 合房〔2020〕55号	支持奖补的企业，其工商注册地在合肥市区范围内，经营范围中包含房屋租赁类经营业务，除下列情况以外：存在不良记录、投诉率较高，被列入异常经营名录、失信被执行人的	除下列情况以外：产权不明晰、安全质量不达标的；违法违规建设、用于旅游度假或未纳入监管平台监管或未办理住房租赁合同网签备案的短期租赁住房和宾馆、民宿等；公共租赁住房项目	市辖区内、住房租赁合同已在合肥市住房租赁交易服务监管平台（以下简称市监管平台）登记备案、自行出租自有住房的个人；自有住房给他人自住的个人，提供住房租赁服务的企业和为属地乡镇（街道、社区）提供物业服务的集中采集住房租赁服务企业	（一）对自行出租自有住房给他人自住的个人，按照备案面积每平方米每年奖励18元；（二）提供住房租赁服务平台，自有住房给他人自住的个人，每平方米每年奖励1.6元的，当年累计备案住房租赁面积达到3000m²的；（三）对提供住房租赁信息采集服务的企业，按每套50元进行奖补，同一套住房每年度仅奖励一次	—
郑州	郑州市财政局 郑州市住房保障和房地产管理局 关于印发《郑州市支持住房租赁市场发展专项资金管理办法（试行）》的通知 郑财资源〔2020〕1号	—	—	支持建设、筹集租赁住房，支持住房租赁信息服务、改造提升；支持完善住房租赁市场管理体制，积极培育住房租赁市场，规范市场监管的；支持列入我市住房租赁培育发展三年行动计划的示范点	（一）盘活类租赁住房，以回购或建设的单位按方式和投入人实际或回购方式按照300元/m²的标准奖补，以回购方式建设用地按照500元/m²改建类租赁住房，按照不超过300元/m²的标准奖补；（三）新建类租赁住房，国有建设用地新建租赁住房按照500元/m²的标准奖补，集体建设用地新建租赁住房按照400元/m²的标准奖补；（四）开发住房租赁费用发生实际的租赁信息平台，改造维护市房屋租赁信息平台按实际费用给予奖补；（五）与市房屋租赁平台互联的平台，全国性信息平台奖补不超过20万元，区域规模和使用范围给予奖补不超过10万元	先预拨，后清算

续表

城市	文件名称	申领要求		补贴范围	补贴对象与标准	资金的拨付及使用
		企业方面	房源方面			
武汉	武汉市住房租赁市场发展专项资金管理办法 武财综〔2021〕286号	具有独立法人资格并在房管部门备案；会计、纳税、银行信用良好	新建、配建、购买的自持房源用于租赁；将闲置、工业办公用房、低效利用的商业办公用房改造装修后出租的房源；利用集体建设用地建设的租赁住房；社会闲散存量住房用于代理经租的房源等	(一)2017年7月17日以后，新建、配建、改造装修的租赁住房项目（包括在建、竣工）均可申请本专项资金补助。(二)代理经租住房的住房租赁企业单位，房源不少于300套（间）或建筑面积达到1万平方米以上。(三)提供住房租赁经纪服务且年撮合成功租赁住房套数在120套以上的房地产经纪机构。(四)武汉市住房租赁交易管理服务平台、流动人口及房屋基础信息数据库建设、改造、升级。(五)监管部门对租赁房源结构安全检测监管等支出	(一)国有土地上租建设成本补贴，可以通过土地上新建的租赁住房。项目资本金注入、贷款贴息和租保费用补助等方式支持的，采取新建租赁住房项目建设、工程建安成本，工程建设及其他费、装饰装修费用总和的30%；采取项目资本金的30%，贷款贴息总息方式支持的，不超过项目资本金的30%，采取其他方式支持的，可以参照上述标准。补助专项资金不得用于公司注册资本金以及缴纳土地出让金，同一项目不能同时享受项目资本金补助和建设成本补助。新建租赁住房自运营不少于10年，运营期自项目建筑投入运营起计算(下同)。补助范围为项目规划总建筑面积中租赁住房部分。(二)购买住房用作租赁住房支出面积中租赁住房部分。(二)购买实际持有租赁年限占土地使用的，投入使用后，且不超过购买总额25%的标准给予补助。用年限以上的，日不超过25%的标准补助。(三)在商品房开发项目中配建的租赁住房，经装修改造后出租的，按照不超过装饰装费用30%的标准给予补子补助，租赁运营期按合同规定执行。(四)班组工宿舍、倒班工宿舍、配套商业用房)的企业或单位，按照不超过建设成本(含装饰装楼)"工改租""商改租"项目，按照不超过改造成本(含装饰装修费用)30%的标准给予补助。(五)"工改修费用30%的标准给予补助。(六)存量毛坯住房改造装修后30%的标准给予补助。(六)存量毛坯住房改造装修一次性给出租，按照不超过装饰改造装修费用30%的标准建，按照不超过装饰改造成本30%的标准给予补助。且租赁期6个月以上的，出租，按照不超过6个月验收证的房屋建根据武汉市住房租赁交易服务平台验证的房屋建筑面积自筹改造，补助标准45元/㎡以上的，对于成套住房按同出租，租赁期6个月以上的，按套建筑面积套住房按同出租，补助标准45元/㎡以上的，按套建筑面积予以认定。(八)提供住房租赁服务经纪且租子以认定。(八)提供住房租赁服务经纪且每套补贴不超过300元在6个月以上的，每套补贴不超过300元	新建租赁住房项目根据项目进度分期拨付专项资金；对于符合条件的配建租赁住房项目，在项目投入使用后，一次性拨付专项资金。对于符合条件的"商改租""工改租"项目，在项目投入使用后，一次性拨付专项资金；对于租赁住宅、自筹房源、房地产运营、房地产经纪机构的自保险费用等其他项目，通过审核后，一次性拨付专项资金

续表

城市	文件名称	申领要求		补贴范围	补贴对象与标准	资金的拨付及使用
		企业方面	房源方面			
上海	上海市中央财政支持住房租赁市场发展试点资金使用管理办法 沪建房联〔2020〕443号	申请企业在本市注册并具有独立法人资格，取得房地产开发企业资质	申请项目的用地性质为Rr4，综合用地的土地用途含租赁住房。申请项目取得《建筑工程施工许可证》（含桩基施工许可证），并已实际开工（至少桩基施工，实际面积不高于100m²）套均面积不高于100m²	新建租赁住房项目；非居住存量房屋改建和转化租赁住房项目；租赁住房基础数据采集；住房租赁企业规范化开展住房租赁经营业务；与加快构建住房租赁体系相关的基础性工作	新建租赁住房项目，根据申请项目建筑面积按照平均200元/m²；非居住房屋改建和转化住房单元数量，按照I类项目根据确定的出租单元数量，按照2.1元/m²的标准子以奖补；住房租赁基础数据开展住房租赁经营业务，对公贷款利息予以贴息，贴息金额不超过企业当年实际付贷款利息总支出的40%，且贴息利率不超过2个百分点	对新建租赁住房项目，审查通过后一次性发放；对"非转租"项目，审查通过后按年度分两期发放；对租赁住房基础数据采集，以及住房规范开展住房租赁业务，审查通过后一次性发放；其他按照本市有关规定和相关合同约定执行
北京	北京市住房租赁市场专项资金管理暂行办法 京建发〔2020〕253号	—	成套住房不超过全市平均租金涨幅；非成套住房不超过全市平均租金涨幅的50%；集体宿舍不得建筑面积超过120m²的套（间）不予补助	用于多渠道筹集租赁房源，支持集体土地建设租赁住房、改建租赁住房、完善房屋租赁数据、信息和管理等	专项资金按照套、间补助，补助标准最高不超过5万元/套；改建租赁住房项目补助标准为使用面积15m²以下的1万元/间，使用面积15m²及以上的2万元/间	专项资金应当用于集体土地租赁住房的建设费用，包括偿还借款本息、建筑安装、装修、建设项目的红线内市政基础设施和公共配套建设，已竣工的项目专项资金可用于后期运营相关支出，包括配套家电、物业服务等

续表

城市	文件名称	申领要求		补贴范围	补贴对象与标准	资金的拨付及使用
		企业方面	房源方面			
深圳	深圳市发展住房租赁市场中央财政专项资金管理办法 深建规〔2021〕8号	住房租赁企业，是指在本市开展住房（不含民宿、酒店）租赁经营活动且已在行政主管部门进行备案的企业及其分支机构；经营地产经纪业务且已在行政主管部门进行备案的机构	包括新建项目、改建项目、"稳租金"商品房项目、盘活存量项目	房源筹集建设类：企业筹建新建设的租赁住房，包括新建项目、改建项目、"稳租金"商品房项目和盘活存量项目（含集中式和分散式）；日常运营管理的住房租赁企业运营管理类；贷款贴息类：住房使用开发建设贷款或经营性贷款筹集建设的租赁住房、运营管理的租赁住房；信息系统对接类：住房租赁企业、提供住房租赁信息发布服务的网络交易平台（以下简称网络交易平台）及经纪机构与市住房租赁服务平台进行系统对接的项目	新建项目以住房建筑面积计算，按照建安成本、工程建设其他费用、装饰装修费用总和的30%发放专项资金；改建项目以住房建筑面积计算，按照800元/m²的标准发放专项资金；改建项目以住房建筑面积计算，按照300元/m²标准一次性发放专项资金；"稳租金"商品房项目以住房建筑面积计算，按照150元/m²标准一次性发放专项资金；盘活存量项目按照不高于800元/m²标准一次性发放专项资金	企业补助项目专项资金，在企业补助项目年度预算支出方案经市政府批准同意后30日内，由市住房和建设部门向审核通过按程序及报单位按预算及时拨付；市、区人民政府实施的购买服务专项资金、市区专项资金、在专项资金年度支出预算下达后，由实施单位按规定进行政府采购，并根据工作进度和采购合同约定支付
重庆	财政支持住房租赁市场发展专项资金管理办法（试行）渝财规〔2020〕3号	—	除下列情况以外：产权不明晰，安全质量违规违法建设或改建，消防不合格，被司法机关或其他法律法规限制房地产权利及其他法律法规规定禁止出租的房源；套房屋面积超过144m²的大户型租赁住房项目，月均租金超过同地段高端租赁住房平均租金两倍的租赁住房项目，已配套了配租购买的公共租赁住房项目	监管平台建设及租赁房源信息化管理；筹集建设；培育专业化、规模化住房租赁企业；支持培育与市场发展相关的项目评审、绩效评价，诚信体系建设、市场调查、市场监测和管理，促进住房租赁市场稳定发展的其他事项等	新建、改建租赁住房按照其建安及装修成本给予不超过30%补助，且最高不得超过1100元/m²；对新建或改建租赁住房项目在实施期限内实际发生的贷款利息和租赁住房费用，按照实际金额的30%给予补贴；盘活存量房房源，引导和培育企业根据备案数量给予补助	区县住房城乡建设部门完成初审并报区县人民政府审定后，提交市住房城乡建设局联合市财政部门评审。通过联合评审的项目和企业，市财政局和区县财政局根据评审结果将预算下达到区县财政，区县财政局按进度和度按照予企业

续表

城市	文件名称	申领要求		补贴范围	补贴对象与标准	资金的拨付及使用
		企业方面	房源方面			
济南	济南市住房租赁市场发展资金专项资金管理办法 济南财综〔2020〕1号	除下列情况以外：存在不良记录、投诉率较高、违法违规行为，被列入经营异常名录、失信被执行人等存在明显市场风险的企业；未进入济南市住房租赁综合监管服务平台或未进行住房租赁合同网签备案的企业	除下列情况以外：持续运营少于10年、以租代售、年租金涨幅超过我市上一年度平均居民可支配收入增长水平且产权不明晰，违法违规建设、安全质量不达标的租赁住房项目；单套建筑面积超过144m²（含）的大户型租赁住房项目；租赁期限不满6个月的短租住房，用于旅游度假等短期需求的租赁住房，公共租赁住房；市政基础设施建设、旧城改造等与住房租赁市场没有明显关联的领域，已受各级财政专项补助资金和政策扶持政策的项目	纳入济南市住房租赁综合监管服务平台的住房租赁试点项目（含盘活闲置存量住房项目、"城中村""城边村"改造的租赁住房、商业办公用房和工业厂房等非居住房屋改建住房租赁项目，利用国有（自有）、集体土地建设（购买）住房租赁项目等）；住房租赁综合监管平台建设；支持规模化住房租赁企业发展；建立存量房源基础数据库；住房租赁市场课题研究等	新建（购买）住房租赁项目按最高1000元/m²，改建盘活存量项目按最高600元/m²，非居住房屋改建项目按最高180元/m²	新建、改建住房租赁试点项目按照试点项目工程进度节点发放
成都	成都市住房租赁市场发展试点财政奖补资金使用管理办法 成住建发〔2021〕125号	以下市场主体不纳入奖补范围：存在不良记录、投诉率较高、违法违规行为，失信被执行人等存在明显市场风险的企业，未进入住房租赁交易服务平台或未进行住房租赁合同网签备案的市场主体的，个人（包括出租人和承租人），运营不满1年的经营产不类住房租赁企业不予补贴	除下列情况以外：产权不明晰，违法违规建设、安全质量不达标，公共租赁住房、套型面积超过144m²（含）、高端租赁住房	1.新建租赁住房；2.培育专业化住房租赁企业；3.住房租赁企业将自持房源用于住房租赁经营；4.住房租赁企业多元化融资；5.充实全国住房租赁企业资本金	新建租赁住房建设成本补助。根据租赁住房建筑面积计算，新建租赁住房按施工合同金额的30%且最高不超过1200元/m²标准进行补助；改造租赁住房按施工合同金额的30%且最高不超过600元/m²标准进行补助；以成都住房租赁交易服务平台网签备案数据为准，年度住房租赁企业完成住房租赁房源交易合同网签备案面积超出上年3万m²（含）的，超出上年网签备案面积的增量部分按30元/m²的标准对住房租赁企业进行奖补，每个企业每年奖补最高不超过200万元	补助资金由各区市县财政部门按照直达资金管理规定直接拨付到企业。对年度未支出的试点专项资金，按照市财政资金管理有关规定将预发改年未结转资金管理成财预〔2020〕41号等有关规定执行。鼓励探索实施中央补助资金对集中新建项目的预拨制度

（二）资金使用与来源存在期限错配

住房租赁企业具有重资本、低收益、长周期的特点，前期沉淀资金较多，需要运用大量资金购置、建设、改造或收储装修房源，然后通过出租以分期收取租金的方式回笼资金，资金使用与收入来源存在期限错配风险，一旦租赁市场下行压力加大，房源空置率增高，租金逾期或不能正常收回，企业经营现金流承压。以中资产管理模式为例，一般拿房成本占租金收入 60% 左右，考虑到运营管理费用，运营成本一般占租金收入的 70% 左右，这意味着，入住率必须超过 70%，当期现金流才能够覆盖运营成本。经营管理不善、融资成本偏高的租赁机构很可能没有足够的现金流来覆盖融资成本和利息支出，构成实质性违约。

同时，主要融资渠道的融资期限较短，进一步加深错配程度。银行贷款融资成本高，以满足住房租赁企业短中期融资需求为主。住房租赁专项债融资期限较短，已发行的住房租赁专项债期限为 2 ~ 7 年，平均 4.5 年。资产证券化方面，魔方、自如、新派、旭辉的项目，均不超过 5 年，在公募 REITs 未正式推出的情况下，必须选择回购或再融资；而碧桂园的类 REITs 项目，尽管期限长达 18 年，但"每 3 年末附投资者开放退出选择权"的条款，也同样蕴含着资金方提前退出而租赁住房项目尚未退出的期限错配风险，融资方必须寻找新的资金方。

（三）存在一定的资金混同风险

当前，我国尚未出台金融支持住房租赁的规范性政策。由于经营主体、产品设计、现金流划转等融资特点，租赁住房市场的融资存在一定的资金混同及挪用风险。在房地产市场调控背景下，房地产企业纷纷转向住房租赁市场，虽有看好租赁市场、提前布局的因素，但也有房企可能以开发、建设、运营租赁住房的名义进行融资，然后挪用资金用于传统房地产拿地、开发等事项。而对于配建租赁住房的房地产项目，在实际建设过程中，很难做到租赁与非租赁之间资金的绝对封闭、隔离，资金监管更难。对于资产证券化渠道，由于产品涉及基金管理人、计划管理人、SPV、项目公司等较多参与方，现金流划转路径复杂，同样存在一定的资金混同及挪用风险。部分房产中介、长租公寓还与网贷公司合作，违规向租户发放分期租房贷，盲目拓展业务规模或投资其他高风险项目。

（四）受"爆雷"影响，住房租赁企业融资渠道有收紧趋势

受房地产调控加强、行业内"爆雷"事件等影响，住房租赁企业的融资渠道有所收窄，融资金额明显下降。通过调研了解到，2018 年以来，很多住房租赁企业无法开展相关债券融资交易。2018 年底，部分住房租赁企业发生"爆仓"，金融机构担忧资金风险，逐渐收紧住房租赁企业融资，部分未使用过"租金贷"的集中式住房租赁企业受到"误伤"，企业融资愈加困难。2020 年，住房租赁企业融资由百亿降至十万亿级别，ABS 以及类 REITs 的整体发行金额也环比缩小为去年的 1/9。住房租赁专项公司债发

行相对稳定，发行宗数相较前两年略微减少，但是总体发行金额比去年高出7.7%。

（五）财政奖补资金实际拨付金额不高

中央财政支持住房租赁市场发展试点专项资金的政策性较高，加之目前租赁市场乱象较多，地方政府出于财政资金安全、未明确规定可使用范围、后期审计等因素的考虑，对专项资金的使用较为谨慎。住房租赁专项资金使用推进速度较慢，资金利用率较低。24个城市中仅约半数出台了具体的专项资金使用管理办法，而已出台资金使用办法的城市拨付金额占比偏低。

（六）住房租赁企业申报意愿不强

专项资金管理办法中对资金申领企业在项目的房屋设计面积、租金涨幅、租期等方面有较多限制性要求，拨付后对资金的使用监督也比较严格，从而导致符合申领条件的企业不多，企业申请意愿不强。据统计，大部分城市将资金申请与房源备案挂钩，而住房租赁服务行业税率较高，部分企业为了避税放弃资金补贴申请。此外，在对郑州等城市调研时有企业反映，中央财政奖补资金存在资金使用后置、奖补资金额度较低等问题。即使中央财政奖补资金已拨付到账，根据相关政策要求，相应资金也只能用于后期运营阶段，无法即时用于前期装修等资金投入较大的环节。

四、公募REITs在保障性租赁住房融资上的运用

2021年6月29日，国家发展改革委发布了《国家发展改革委关于进一步做好基础设施领域不动产投资信托基金（REITs）试点工作的通知》发改投资〔2021〕958号（简称"958号文"）。为推动保障性租赁住房REITs的发展，2022年5月，证监会、发改委联合发布《中国证监会办公厅　国家发改委办公厅关于规范做好保障性租赁住房试点发行基础设施领域不动产投资依托基金（REITs）有关工作的通知》证监办发〔2022〕53号，强调了推动保租房REITs业务规范有序开展，以发行公募REITs的形式扩大保租房投资成为2022年金融支持政策施行的主要方向。2023年2月20日，证监会发文明确将保障性住房、市场化租赁住房纳入不动产私募投资基金的投资范围。支持性金融政策的增加为保租房的发展提供了有力支撑，营造了适合发展的经济条件，同时保租房REITs的发行也改变了传统房地产行业"高周转"的销售逻辑，长期持有的运营逻辑有望成为行业主流，有利于进一步促进行业良性循环和健康发展。

截止到2022年底，我国已发行四只保障性租赁住房REITs，分别为：红土创新深圳安居REIT、中金厦门安居REIT、华夏北京保障房REIT和华润有巢REIT。在2023年4月相继发布了2023年一季度运营情况。

从发布的报告来看，4只REITs在基金收入和可分配金额方面完成率均超过100%，税息折旧及摊销前利润（EBITDA）也为正，如表7-3所示。根据数据的可获得性，4只REITs的总体运营表现较为稳健，均达到预期。

4 只保租房 REITs 2023 年一季度业绩　　表 7-3

REIT 名称	基金收入（万元）		税息折旧及摊销前利润（EBITDA）（万元）		可分配金额（万元）		对应发行价的分派率
	实现值	完成率	实现值	完成率	实现值	完成率	实现值
华润有巢 REIT	1926.39	108%	1208.53	112%	1591.08	133%	5.34%
中金厦门安居 REIT	1895	105.67%	1504.43	—	1401.58	108%	—
华夏北京保障房 REIT	1803.67	105.31%	1309.51	—	1371.81	112.17%	4.43%
红土创新深圳安居 REIT	1377.6	—	1170.57	—	1261.68	—	—

数据来源：wind、有巢公寓公众号（2023 年 4 月 21 日）

进一步分析，4 只 REITs 的底层资产项目运营情况也较为稳定，出租率均在 90% 以上。其中，中金厦门安居 REIT 基础设施资产出租率为 99.49%；华夏北京保障房 REIT 底层资产出租率总计 96.05%，较招募说明书预测的 93.64% 提升 2.41 个百分点；华润有巢 REIT 下 2 个项目中，泗泾项目的底层资产出租率为 96.99%，东经项目的底层资产出租率为 92.43%。

但在对部分保租房企业的调研中了解到，根据 958 号文的要求，净现金流分派率应 ≥ 4%，而项目分派率的来源是项目净现金流的 90%。经测算，对应的租金涨幅在 3%～3.5%。然而，保租房项目的价格管理要求、所在区域市场化租金水平变化均对项目租金涨幅存在影响，存在资本市场要求与保租房租金涨幅管理要求相矛盾的问题；同时，REITs 募集资金必须用于保租房项目，且要求自持和自营。前期受疫情影响，市场上可投项目尚不多，募集资金的周转使用效率亦有待进一步提升。

2023 年 3 月 24 日，国家发展改革委公布《国家发展改革委关于规范高效做好基础设施领域不动产投资信托基金（REITs）项目申报推荐工作的通知》发改投资〔2023〕236 号。通知中不仅提出将 REITs 发行范围覆盖到商业地产领域，保障性租赁住房领域 REITs 发行门槛适度降低，资金使用也做了相应调整，有利于推动保障房 REITs 的进一步发展。236 号文相比 958 号文在净现金流分派率、首次发行规模和回收资金管理上做了相应调整。保租房 REITs 发行要求对比如表 7-4 所示。

保租房 REITs 发行要求对比表　　表 7-4

文件比较内容	《国家发展改革委关于进一步做好基础设施领域不动产投资信托基金（REITs）试点工作的通知》发改投资〔2021〕958 号	《国家发展改革委关于规范高效做好基础设施领域不动产投资信托基金（REITs）项目申报推荐工作的通知》发改投资〔2023〕236 号
底层基础设施资产	经有关部门认定为保障性租赁住房项目，且配租对象、租金标准等符合相关政策要求	—

续表

运营期限	项目运营时间原则上不低于 3 年；对满足基础设施基金上市要求、符合市场预期、确保风险可控，且已能够实现长期稳定收益的项目灵活确定运营年限要求	—
经营收益	预计未来 3 年净现金流分派率（预计年度可分配现金流 / 目标不动产评估净值）原则上不低于 4%；可通过剥离低效资产、拓宽收入来源、降低运营成本、提升管理效率等多种方式，努力提高项目收益水平，达到项目发行要求	非特许经营权、经营收益权类项目预计未来 3 年每年净现金流分派率原则上不低于 3.8%
资产规模	首次发行基础设施 REITs 的项目，当期目标不动产评估净值原则上不低于 10 亿元；原始权益人具有较强的扩募能力，以控股或相对控股方式持有、按有关规定可发行基础设施 REITs 的各类资产规模原则上不低于拟首次发行基础设施 REITs 资产规模的 2 倍	首次发行基础设施 REITs 的保障性租赁住房项目，当期目标不动产评估净值原则上不低于 8 亿元
资产可转让性	协商一致同意转让，并已履行内部决策程序；如相关规定或协议对项目公司名下的相关资产转让或相关资产处置存在任何限定条件、特殊规定约定的，需有关部门或协议签署机构对转让项目公司 100% 股权无异议	—
资产权属及合规性要求	1. 立项、备案文件；2. 规划、用地、环评、施工许可文件；3. 竣工验收文件；4. 不动产权文件；5. 保租房认定书 * 以项目投资建设时的法律法规和国家政策作为资产权属及合规性的主要判定依据	
业务参与机构	原始权益人应当为开展保障性租赁住房业务的独立法人并且在资产、业务、财务、人员和机构等方面与商品住宅和商业地产开发业务有效隔离	—
回收资金使用	90%（含）以上的净回收资金应当用于在建项目或前期工作成熟的新项目；净回收资金优先用于保障性租赁住房项目建设；如确无可投资的保障性租赁住房项目也可用于其他基础设施补短板重点领域项目建设；基础设施 REITs 购入项目（含首次发行与新购入项目）完成之日起 2 年内，净回收资金使用率原则上应不低于 75%，3 年内应全部使用完毕	不超过 30% 的净回收资金可用于盘活存量资产项目，不超过 10% 的净回收资金可用于已上市基础设施项目的小股东退出或补充发起人（原始权益人）流动资金等。 净回收资金使用率：2 年达到 75%，3 年达到 100%
运营管理	按照相关政策制定运营管理机制，提高运营效率，促进运营管理专业化	—
信息披露	信息披露方面，针对保障性租赁住房基础设施 REITs 特征，明确招募说明书除常规披露事项外，还应当披露原始权益人业务独立性情况、保障性租赁住房认定依据和历史运营数据，以及回收资金使用安排等	

第二节　境外国家专业化住房租赁机构的融资经验借鉴

一、美国

美国拥有全球规模最大的住房租赁市场，2017 年美国人口约 3.26 亿，租赁人口约 1.1 亿，租赁人口约占全部人口的三分之一。从住房存量来看，2017 年，美国住宅总量约为 1.2 亿套（2020 年住房存量已超过 1.27 亿套），其中自有住房 7719 万套，占比为 64.325%；租赁住房 4300 万套，占比 35.83%。美国租赁住房主要由市场化出租房、享受税收抵免政策的租赁住房和保障性资助住房三部分构成。具体来看，一是私人和房地产开发商提供的市场化出租房，是美国租赁住房的主要来源，约占整个租赁市场的80%；二是政府与社会资本合作、享税收抵免政策的租赁住房，约占租赁市场的10%；三是保障性的联邦政府资助住房（HUD-Assisted Housing），约占租赁市场的10%，包括政府拥有产权的公共住房（Public Housing）和政府不拥有产权但通过租房券和住房补助等进行价格控制的保障性住房（Subsidized/Assisted Housing）。

美国租赁住房82%分布在大城市，例如纽约、波士顿、华盛顿、洛杉矶、旧金山等，由于这些城市人口净流入大以及房价收入比较高，大部分工作迁移人口选择租房。因此，美国的长租公寓也主要聚焦于核心城市。在地域分布上，2018年，加利福尼亚州、纽约州、得克萨斯州、佛罗里达州、伊利诺伊州五大州的长租公寓数量约为899万套，占总数量的44.77%。长租公寓运营商主要沿东西海岸分布，前四大公寓运营商最密集分布的区域为加利福尼亚州、华盛顿、纽约州、新泽西。

（一）美国租赁企业主要融资方式

美国租赁市场发展较为成熟，法律体系、税收体系、金融体系以及监管体系均比较完善。除了银行贷款、股权融资、债券融资等传统的融资方式之外，权益型融资不动产投资信托基金（REITs）是美国长租公寓融资的主流模式，债务型融资及其衍生金融产品（CMBS）在美国长租公寓融资中也扮演着重要角色，除此之外，开发政策性租赁住房的公司也会得到联邦政府的各项税收补贴以及优惠贷款等融资支持。因此，不同的租赁住房供应主体对应的主要融资方式也存在一定差异。

1.REITs 融资

REITs 是根据美国国会1960年颁布的《房地产投资信托法案》中规定的组织结构而设立的公司模式，其用于投资房地产物业，收入在公司层面上不必纳税。美国国会设立 REITs 的目的之一是使得小投资者能够投资房地产，其从1992年迅速发展起来，机构投资者在全球范围内大量持有房地产。

美国既是全球最早发展 REITs，也是目前全球最大的 REITs 市场。REITs 已成为推动美国住房租赁市场发展的重要金融支持工具。以 REITs 为代表的长租公寓公司，具有融资能力强、负债率低、运营管理能力突出、持有规模大等优势。

（1）发展背景

美国的租赁企业分为重资产模式的租赁持有运营和轻资产模式的房屋托管。其中重资产租赁持有运营模式是通过开发或者购买持有并管理物业，基于专业化管理、标准化服务向租户提供品质化的住宅，从而获得租金收益和增值收益，其收入来源是租金收益和资产增值。轻资产模式主要以托管的形式存在，即把房源委托给资产管理公司，由其代为出租，并完成租后维修、保洁等管理工作，其收入来源主要是经济佣金和管理费。与轻资产的房屋托管的模式相比，重资产的持有运营具有资金大量投入沉淀的特征，因此需要借助房地产金融体系提高房地产的流动性，为物业持有人提供低成本、高效、大规模的融资渠道，REITs 的特征满足了美国租赁企业的融资需求。

（2）发展规模

美国长租公寓 REITs 是住宅 REITs 的重要组成部分。2018 年 10 月，美国有 22 家住宅 REITs，总市值为 1449 亿美元，占美国 REITs 市值的 13%。其中长租公寓 REITs 有 15 家，总市值为 1091 亿美元，占美国 REITs 市值的 10%，并孕育出 3 家百亿美元级的市值公司，ABV 市值达到 250 亿美元，EQR 市值达到 244 亿美元，ESS 市值达到 163 亿美元。

（3）运作模式

美国长租公寓 REITs 一般采用公司型组织形式，公开募集资金进行权益投资，其设立流程为：首先通过物业重组，形成长租公寓资产池作为基础资产；其次建立特殊口的载体（SPV）实现风险隔离，将基础资产的风险与其他资产对应的风险隔离开来，从而提高资本运营的效率，保障参与各方获得最大收益；再次，成立 REITs 管理公司、承销商和保管机构实现 REITs 的正常运作，聘请专业的评级机构对 REITs 认定信用评级；最后，长租公寓 REITs 可选择向证券交易所申请上市。其交易结构主流采用伞形结构（UPREITs）、DOWNREITs 结构。

（4）美国 REITs 融资方式的特点

一是完善的法律保障。美国税法对 REITs 的组织结构、资产结构、收入结构和收益分配等设立条件进行了严格的规定，有利于保护中小投资者的利益。随着经济与社会环境的变化，税法也会做出调整，政策的稳定和连续性明确了 REITs 对房地产投资的方向及相关的监管内容，从而吸引了众多资本对房地产进行投融资，促进了房地产业的健康发展。同时，在租赁住房的领域中，美国政府也制定了趋于完善的法律法规，规范出租人的行为，保障承租人的合法权益，促进了美国租赁市场的发展，从而有利于长租公寓 REITs 的发展。

二是收益稳定、流动性好。从过去的 20 年来看，长租公寓 REITs 的年均投资回报率为 13.01%，高于同期的美国 10 年国债、标准普尔 500 指数和全部权益型 REITs 的年均回报率。除金融危机期间，美国长租公寓 REITs 的租金年增长率维持在 2%～3%，较高的租金水平与较低的空置率使得美国长租公寓 REITs 收益稳定，转手率高。美国长租公寓 REITs 以公开上市为主，中小投资者通过认购 REITs 股份进行投资，投资的金额可灵活变化且投资者可随时将所持的基金份额在交易所实现变现。在 REITs 发展之前，投资者一般通过房屋的买卖、出租、抵押贷款等方式投资于房地产市场，需要大量的资本金并且资产的流动性差，REITs 发展起来之后，中小投资者也可以参与房地产投资，更加灵活且具有较好的流动性。

三是享受税收优惠。依据税法，满足相关条件的 REITs 可以免收公司所得税。1993～1994 年间，伞形结构 REITs 迅速发展，原因在于伞形结构可以帮助房地产投资者延迟纳税，房地产的拥有者以自身所有的房地产出资成为有限合伙人换取合伙权益凭证的交易行为不用纳税，纳税可以延迟至将合伙权益凭证换成 REITs 份额或者变现时进行，REITs 发展规模也迅速扩大。此外，美国 REITs 获得快速发展的一个重要驱动力是穿透性税收优惠（Pass-through Tax Treatment），其核心在于企业的收益和损失可以冲抵企业持有人的个人所得税应税收入，避免了双重征税，进而鼓励投资者投资大型的综合房地产项目。

四是投资小额化、风险分散化。在美国投资合股性质的公司或企业要求最低投资额为 15000 美元，而对于 REITs，一般每股只需 10～25 美元，投资者不受持股数量的限制。在长租公寓 REITs 的投资中，由于投资小额化，小投资者也可以获得房地产投资收益，能有效地将社会闲散资金集中在一起，吸引众多投资者，产生较大的规模经济效益。另一方面，长租公寓 REITs 投资房地产项目没有地域限制，专业的管理团队可以依据市场变化制定投资战略，加之投资者比较分散，从而分散了 REITs 投资的风险。

2. 租赁住房抵押贷款证券化融资（Commercial Mortgage Backed Securities，简称 CMBS）

（1）运作模式

CMBS 属于债务融资。一般情况下，CMBS 是将非标的金融机构发放的抵押贷款转为标准化的固定收益证券。具体含义为：以租赁住房为抵押，并用该租赁物业未来产生的收入（如租金、物业费等）作为主要偿债来源的资产支持证券产品。在美国，为 CMBS 提供贷款的主要机构包括商业银行、储蓄机构（储蓄贷款协会、储蓄银行）、投行和基金，而 CMBS 主要持有者包括私募基金、资管机构、保险机构和养老基金，银行和对冲基金占比相对较小。对于长租公寓市场而言，CMBS 是重要的补充融资工具。

（2）主要特点

一是融资成本相对较低。首先，降低融资成本是发行权益型 REITs 的先行条件，长租公寓项目在运营初期容易出现租金净收益和负债成本倒挂现象，这样会使得权益型投资者难以持有长租公寓物业。CMBS 的发行可以改善甚至扭转倒挂现象，缓解权益型 REITs 的估值压力。

二是有利于减轻银行资产负债压力。对于银行来讲，CMBS 有利于银行资产出表，如果银行直接对长租公寓项目贷款，风险资本占用为 100%；而将长租公寓项目收益权打包发行标准化的支持证券产品，并投资于优先级资产支持证券，风险资本占用仅为 20%。因此可以大幅度减少银行风险资本的占用，满足监管要求。

三是兼顾投资方和房地产商的权益。对于投资者来讲，CMBS 可以将风险隔离，保护投资者权益。产品设计中加入特殊目的载体（Special Purpose Vehicle，简称 SPV），将抵押物业收益权与母公司剥离，投资收益不受母公司经营不善的影响。对于房地产商来讲，CMBS 保持对资产的控制权，获得未来价值增长潜力。作为物业方而言，更愿意发行 CMBS。但由于标的物的价值有限，融资规模也因此受限，所以美国大部分的 REITs 都会发行 CMBS 作为补充融资工具。

（3）政策性租赁住房融资方式

一是公共租赁住房 CMBS。美国政策性住宅金融机构（如房利美、房地美）通过发行住宅抵押贷款支持债券（CMBS）筹措资金，向商业银行、房地产抵押贷款公司等一级市场的金融机构购买房地产抵押贷款，为一级市场的金融机构提供流动性，一级市场的金融机构再向由联邦住宅管理局（FHA）担保的开发商发放低息的公共租赁住房建设贷款。

二是政府贷款优惠政策融资。美国住房和城市发展部（HUD）以家庭基金的形式，向以各种形式兴建可支付住宅的私人开发商或社会非营利群体提供直接贷款、贷款担保或直接向低收入群体提供租金补贴。

三是实行 LIHTC 计划（Low Income Housing Tax Credit）。LIHTC 计划又称"低收入住房返税计划"，政府在 10 年内会对符合该计划的住房建设投资给予税收等政策优惠。规定建成住房的出租比例不能小于 20% 且租住该项目的租客收入水平不能高于当地平均工资的 50%，或者建成住房中不少于 40% 的单元用于出租且租客收入水平不能高于当地平均工资的 60%，只有符合以上要求才可以申请 LIHTC 计划。LIHTC 返还税收的方式主要有两种：其一是 10 年内政府每年按照住房造价 9% 的比例减免税收，到期返还的建造成本高达 90%；其二是对建设项目中单位价格不足 3000 美元的住房予以税收等财政补贴。LIHTC 税收返还也是租赁企业的资金来源之一。

（二）对我国的启示

1. 完善法律体系

1960 年美国国会制定的《房地产投资信托法案》，标志美国房地产投资信托制度的建立。REITs 的诞生解决了房地产交易流动性问题，盘活了存量资产。美国法律对 REITs 的组织形式、资产结构、收入结构、收益分配等都有明确的规定，有利于保护投资双方的利益。随着社会环境的变化，REITs 的各种法律约束也会相应调整。比如，最初 REITs 公司必须是权益型且物业必须外部管理，从而出现盲目追求规模和提高杠杆率的现象，使得 REITs 表现不佳，1986 年的税法改革允许 REITs 进行内部管理，参与物业出租、管理等核心业务，改善了这一情况。可以看出，相应的立法与法律的不断完善是美国 REITs 发展的重要保障。此外，在租赁住房的领域中，美国政府不断完善的法律法规、住房租赁市场的法律保障也促进了长租公寓 REITs 的发展。

2. 在租赁市场发展较为成熟的城市试点

有效的融资方式需要成熟的住房租赁市场支撑。以 REITs 发展为例，美国的 REITs 产生于 20 世纪 60 年代，但真正的大发展始于 20 世纪 90 年代，而 20 世纪 90 年代美国的住房租赁市场处于成长稳定期，市场的租赁需求旺盛，租赁住房空置率低，租金回报率高，租售比合理，这些使得投资租赁市场有利可得。在上述背景下，美国长租公寓REITs才能够更好地发展，才有投资回报率高、收益稳定、流动性高、低负债运营等特点的行业现状。同时，美国长租公寓REITs的兴起也加速了美国租赁市场机构化持有趋势，培养了专业化管理团队，提升了租赁行业的运营效率。因此，我国探索发展租赁住房融资新模式可以选择在租赁市场发展较为成熟的城市进行试点，降低有关风险。

3. 政策鼓励与金融创新

美国REITs的发展源动力离不开税收优惠制度，REITs只要满足一定的条件，就可享受公司层面的税收减免，这样避免了公司与投资者的双重征税。除了税收支持等政策鼓励以外，美国非常注重金融创新。以REITs为例，随着市场环境的变化，美国REITs的交易结构也在不断地创新，比如伞形结构（UPREITs）以及下属合伙结构（DOWNREITs）出现。此外，1993年《综合预算调整法》放开了养老金投资REITs的限制，使REITs上市募集资金来源更加稳定、庞大，养老金也成为REITs的重要机构投资者，政府的这一鼓励政策大大推动了REITs市值的增加。因此，包括长租公寓REITs在内的REITs产品的快速发展与金融创新和政府的鼓励政策息息相关。

二、英国

在住房管理等相关法律法规与社会人口结构变化的影响下，英国租赁住房市场的需求在不断增加，但社会租赁住房的供给在减少。因此，近年来，私人部门的租赁住房受到了机构投资者和私人投资者的青睐，租赁住房市场得到了较快的发展。从英国整个住房市场来看，可以分为自有住房与租赁住房两部分，两者占比大致为6:4。其中，在租赁住房方面可分为私人租赁住房与社会租赁住房，近年来两者占比逐步接近，且在2013年后，私人租赁住房已超过社会租赁住房的占比。

从区域情况来看，受高房价影响，英国伦敦地区的租赁市场占比高于全国水平。从需求来看，受金融危机和欧债危机的影响，英国租赁住房的需求近年来呈现增加趋势。从租客的年龄段来看，相较前期，34岁以下的英国青年由于偿还助学贷款、信贷政策收紧、受教育年限延长与结婚年龄的推迟等因素（李罡，聂晨，2016[①]），当前更多选择租赁住房的生活方式。在供应主体方面，英国租赁住房主要来源于私人租赁住房（Private Renters）、住房协会租赁房（Housing Association）和租赁地方政府住房（Local Authorities）。

（一）英国租赁企业主要融资方式

1. 英国住房协会的融资方式

受住房政策、财政预算与住房法案的变化影响，住房协会的融资方式大致可分为

---

① 李罡，聂晨.英国是如何解决青年住房问题的？[J].当代世界，2016（11）.

两个阶段。在现有研究中，大多数文献以 20 世纪 80 年代为界，前期是政府主导阶段，绝大多数的社会住房（包含于可支付性住房）的建设运营资金来源于地方政府；后期，随着金融创新和金融危机后财政支出压力的增加，住房协会的融资渠道更为多元化，相较前期，更偏向于资本市场。

（1）融资供应主体

住房协会通过银行、非营利性金融组织以及资本市场进行融资。其中，非营利性金融机构包含了建筑社与住房金融公司。

建筑社（Building Society）可追溯至 18 世纪，一些当地机构组成了该组织，会员成立资金池用于建造住房、购买土地，一旦成员的住房与土地购买计划达成，建筑社将会解散。最早的建筑社于 1775 年在伯明翰成立，名为"理查德·凯特利"（Richard Ketley）。随着后期发展，这些建筑社吸收成员资金用于投资，逐渐发展成为当下的这种形态。该组织本质上归属于一种互助组织，提供银行、抵押贷款和其他金融服务。与银行的区别在于：建筑社是一种互助组织，它不受股东压力的驱动，不需要将利润最大化，也不需要将其作为股息支付出去。因此，与竞争对手相比，建房互助会能够提供更高的储蓄利率，并提供更廉价的抵押贷款。

住房金融公司（The Housing Finance Corporation，简称 THFC）于 1987 年成立，作为一个独立的非营利机构，致力于负责协调可支付性住房（其中包含社会租赁住房）的资金筹措。长期以来，该公司与英国政府、欧洲投资银行、家庭和社区机构、国家住房联盟和其他主要金融机构保持合作关系。随着国家福利政策的变化，住房协会面临信用评级下降风险。至今，这些住房协会是信用中性或者财务积极的，在大部分情形下，住房协会仍较为稳定，且有较高的信用评级。住房金融公司作为投融资中介机构，在将私人资本引入社会住房建设和管理的过程中发挥了重要作用。2008 年 8 月至 2010 年 3 月，通过住房金融公司发行的债券占住房协会债券发行总量的 17.38%。2019 年，THFC 的基金规模已经达到了 74.54 亿英镑，税后年利润达到了 338.7 万英镑[①]。此外，可支付性住房金融（Affordable Housing Finance，AHF）、英国租赁（UK Rents）、住房金融资本公司（THFC Capital）、混合资金（Blend Funding，"BLEND"）先后分别成立，与住房金融公司一起成为 THFC 集团的成员，用于发行债券、中期票据、基金，为住房协会提供融资。

通常情况下，只有那些大规模、资金实力强的住房协会才有可能获得资本市场的融资，因为只有那些机构可以满足投资者对资产和收入的要求，一些小规模的住房协会通常只能依靠银行和建筑社的融资[②]。

---

① 数据来源：The Housing Finance Corporation Limited，Annual Report & Accounts 2020，2020.

② Gregory Lomax. Financing social housing in the United Kingdom[J]. Housing Policy Debate，6（4）：849-865.

（2）融资产品

在金融创新"大爆炸"时期，随着更多的机构可以参与到低利率的银行间市场，大型零售银行（high street banks）开始关注住房协会的融资需求，将住房协会作为介于住房按揭市场和商业贷款之间的一块细分市场，它们将房地产作为资产抵押，贷款时长为 25 ~ 30 年。随着政府将一部分公共住房转到住房协会名下，在 20 世纪 90 年代末和 21 世纪初，大批的银行资金进入了这个市场，通过各种变化的贷款形式，成为社会住房的主要融资方式。

自金融危机以后，为了弥补国家补贴和新住房需求之间的资金缺口，英国的住房协会债券市场开始迅速发展。从债券定价依据来看，政府福利政策的变化和房租拖欠情况以及债券还款时间是主要内容。从融资方式来看，债券发行人通常会在使用聚合器（Aggregator）和定向筹集、使用"自有品牌"、使用提款工具（Draw Facility）之间进行选择。从融资流程来看，待债券发行人选择适宜的融资方式以后，住房协会将会联络专业的金融服务机构，如大型零售银行或投资银行，负责安排相关交易、获得债券评级、落实法律文书等。此后，银行会进行债券定价和寻找潜在投资者，由住房协会的管理人进行宣传，整个流程一般耗时 3 个月。从债券购买者来看，通常为保险公司购入[①]。

（3）融资案例——皮博迪集团

皮博迪集团（Peabody Group）是英国规模最大的住房协会，自第二次世界大战结束以来，已经有 170 多年的发展历史，在伦敦和英国东南部地区负责管理 6.6 万套住宅，拥有 17500 个客户。业务范围涉及租赁住房与商品住房。2019 年，该协会经营利润为 1.97 亿英镑，资产负债率为 36%，整体资产价值达到了 80 亿英镑。在业务构成方面，该协会收入的 76% 来自社会租赁住房，18% 来自住房销售，其他经营活动约为总收入的 6%。相较 2018 年，该协会的社会租赁住房业务下降了 3 个百分点，住房市场业务增加了 2 个百分点[②]。

2019 年，该协会所涉及的长期债权人包括债务 27.78 亿英镑，补助金 15.69 亿英镑，其他债权人 3700 万英镑。在融资方面，该协会主要涉及银行信贷与债券两方面内容。其中，72% 的借贷产品利息是固定的，28% 的借贷产品利息是浮动的，平均利息在 3.90%。从资金来源来看，如表 7-5 所示，银行和建筑社、公共债券是主要提供者。

① T. 维恩怀特，G. 曼维尔，方晓. 英国住房协会债券市场发展 [J]. 债券，2017（12）：74-77.
② 数据来源：《皮博迪 2020 年公司报告》，网址：https://www.peabody.org.uk/documents/annual-report2020/Peabody_AR20v2.pdf.

资金提供者	融资金额（百万英镑）	比例（%）
银行和建筑社	2258	56
公共债券	1080	27
私人债券	425	11
其他	252	6

融资产品构成　　　　　　　　　　　　　　　　　　　　表7-5

2. 私人租赁住房部门的融资方式

近年来，英国私人租赁部门在金融化的影响下发展迅速。政府对于私人房地产开发领域的金融政策直接干预较少，通常采用利率和资金流动性的调整来控制整体金融市场的融资规模。英国私人租赁部门主要通过资本市场融资，采用住房按揭与私募基金的方式。

在住房按揭方面，英国住房租赁经纪人协会（ARLA）在20世纪90年代中期推动并发展起来了购房出租抵押贷款（Buy-to-let，BTL）品种。该抵押贷款是一种专门面向那些以投资而非居住为目的购买房产的人的抵押贷款。BTL抵押贷款比一般的抵押贷款要贵，而且要求存款在贷款金额的25%～40%。该贷款当期只需要支付利息，抵押贷款的本金在约定的期限结束时进行支付，业主通常用部分的月租金收入进行支付。

在基金投资方面，私人租赁市场成为寻求固定安全收益的资本较为青睐的一种投资标的，以基金和信托为主。以英国PfP（Part of Places for People）资本为例，2018年5月，该资本与英国大学退休金计划（Universities Superannuation Scheme，简称USS）形成了合资公司，投资英国的私人租赁部门。该基金的投资标的主要集中于小型公寓楼，以符合租赁住房人群的需求。此外，专业投资公司西格玛资本有限责任公司（Sigma Capital）在未来五年也拟投资超过2万套的新建租赁住房。同时，该公司也成立了专门投资PRS的房地产信托，资金来源广泛，包含了地方政府的养老基金、私人财富管理公司、全球金融机构的资金以及英国政府对信托的直接投资[①]。PRS REIT已经于2017年5月在伦敦证券交易所上市，募集了2.5亿英镑的股本，这些股本调整后将提供4.5亿英镑的资金，用于在英国核心地区投资新建私人租赁房产。2018年2月，通过配售计划，又筹集了2.5亿英镑的股权，连同IPO和总计9亿英镑的债务，以供应5600套新增租赁住房。

在2012年9月，政府为了增加租赁住房的供给，计划提供100亿英镑的债务担保，其中35亿英镑分配给私人租赁部门，这项计划旨在通过设立政府担保债券计划，为符合资格的租赁从业者提供长期贷款，以加快机构投资者对私人租赁业的投资增长。阿

---

① 至今已累计投资了3000万英镑。

尔诺·维恩公司（ARA Venn）负责建立和管理该计划，包括贷款的发起、承销和持续管理，并负责发展和管理政府担保债券计划，以有效地为这些计划融资。2014年12月，维恩合伙公司（Venn Partners）成立了专门的运营公司，确保机构投资建造专门用于私人出租的住宅。这个新机构将安排资金为有资格进入这个不断扩张的市场的房东提供一系列小额贷款。

（二）经验借鉴

1. 成立非营利性融资平台，拓展资金来源

通过成立建筑社和住房金融公司，并且借助政府信用及平台本身的资金运作能力，根据各家住房协会的资产与经营情况，提供多样化的金融产品。一方面，通过吸引资本市场的资金，拓宽资金来源，为住房协会的运营、发展提供资金支持，降低资金使用成本；另一方面，通过专业平台运作，使得住房协会不用直接面向机构投资者和私人投资者，一定程度上可以减少资本市场对住房协会的盈利性条件的要求。

2. 保障投资者的利益，引进私人投资

以 THFC 为例，每家发行债券公司的贷款人都应当从该公司资产的浮动抵押中受益，这些资产主要是用于担保贷款。每个发行公司的股票、债券和贷款的评级都是同等的，并且受到浮动抵押的保护。这种形式的证券旨在使投资者能够将风险分散到金融工具和借款人的投资组合中。同时，THFC 公司及其附属公司作为融资平台，每个公司向投资者提供的产品仅能基于该公司的资产，用于担保贷款和股本，起到了各公司风险相互独立、隔离的作用。

3. 住房协会的运营模式成熟，达到收支平衡

在社会租赁住房的租金定价方面，近年来采用盈亏平衡的原则确定，政府将租金补贴直接支付给住房协会，在一定程度上保障了住房协会租金收缴的稳定性。同时，自第二次世界大战以来，大型的住房协会经过了百年多的运营，已经形成了成熟的运营模式，在一定程度上采取了"以收定支"的做法；另一部分住房协会通过与其他租赁住房协会合并，以形成规模效应，增加资本市场的吸引力。此外，20世纪90年代，在地方政府实施"购房权"计划、房屋拆迁和存量房转让等一系列行为后，公共房屋进一步转到了住房协会名下，至此，固定资产保障也成为资金市场进行融资产品设计的重要基础。

4. 健全的租赁市场信用体系，形成有力支撑

英国经过上百年的摸索，已经形成了比较完善的社会信用体系，被称为"征信国家"。在住房租赁市场信用体系中，发展形成了以市场化征信、评信、授信数据为基础，全面记录个人信用为导向的信用体系基本框架[①]。在信用激励与失信惩戒互动机制作用

---

① 杜丽群. 英国住房租赁市场信用机制分析与中国借鉴 [J]. 人民论坛·学术前沿，2018（19）：70-78.

下，英国租客、房主与中介机构的信用状况较为清晰，较高的信用等级，得到授信也就较为容易。同时，结合英国租赁住房市场的合租房许可制度、押金第三方托管、房屋地址与公共服务的捆绑等一系列监管方式，促进了租赁住房市场的健康发展，形成了与资本市场的良性循环。

5. 防范租赁住房市场的过度金融化

尽管住房协会通过资本市场获得了自身发展所需的资金，但是资本市场与评级机构的监管，在潜移默化地影响住房协会的经营发展方向。近年来，住房协会发展社会住房的规模与比例在逐步减少，发展市场化租赁住房与商品住房的规模在明显增加。在资本市场的间接影响下，住房协会如何平衡社会住房与私人租赁住房的关系，成为住房协会非营利属性的重要考验。

三、日本

日本的住房租赁市场占住房市场的比例近四成，形成了以民营主导、小规模业主为主、机构集中管理的模式；租赁人群以中青年为主，一人家庭居多；日本对租金的管控经历了由紧到松的演变过程。日本租赁市场发展较为完善，主要受益于完备的租赁法律体系、租户权益保护机制、机构规模化管理运营和面向各类群体的住房保障制度。

日本租赁住房主要有民营住宅、公营住宅、公团及公社住宅、社宅四种类型。其中，民营住宅的比例最高，占租赁住房总量的 78.7%；公营住宅是指地方政府持有租给低收入群体的公共住房，占租赁住房总量的 10.6%；公团及公社住宅是日本的非营利性机构都市整备局和住宅公社持有的，往往和企业合作建设，租给中等收入群体的公共住房，占租赁住房总量的 4.6%；社宅是企业自筹资金、自行建设和管理的，以较低价格向员工出租的住房，占租赁住房总量的 6.1%。

（一）日本租赁企业主要融资方式

1. 不同的机构融资方式有差异性

REITs 公司通过 J-REITs 市场进行融资。REITs 公司自己开发住房，也有的是从其他公司购入住房。大多数 REITs 公司通过自己的子公司管理所投资的租赁住房，也有委托其他公司管理的情况。

房地产中介公司通过银行贷款和自有资金融资。房地产中介公司通常购入二手住宅且自己进行管理，资金来源包括银行贷款与自有资金。

公共部门通过财政资金和公债融资。公共部门一般自己建造公营住宅且自己进行管理，资金来源为财政资金或通过发行公债的方式筹集资金。

2. 日本住宅 REITs

日本资产证券化发展经历了 6 个阶段。日本住宅 REITs 产生于 20 世纪 90 年代房地产泡沫之后，旨在帮助银行灵活处理不良债权、房地产开发商拓宽融资渠道、振兴房地产市场。不同于美国税收驱动 REITs，日本采用专项立法驱动 REITs。2000 年 5 月，日本将《证券投资信托法》更正为《投资信托暨投资法人法》，并与之相配合，将《特定目的公司法》改为《资产流动化法》，正式确立了日本 REITs 制度。2001 年 REITs 上市系统在东京证券交易所搭建，2003 年 J-REITs 指数构建并发布。此后 J-REITs 进入快速发展通道，成为亚洲最成熟的 REITs 市场，截至 2016 年 11 月，市值规模约为 1.16 兆亿日元（7038 亿元人民币），56 只上市 REITs。由此可见，J-REITs 是振兴房地产行业内在需求与政府立法驱动的结果（图 7-1）。

证券化萌芽	● 1931 年抵押证券制度：抵押登记后的证券可出售给投资者
不动产小额化	● 1987 年不动产小额化：允许将金额庞大、难以单独投资且欠缺流动性的不动产小额单位化出售，降低个人投资者购买门槛
正式证券化	● 1993 年资产证券化确立：《特定债权法》颁布实施，正式确立了日本资产证券化制度，1996 年允许 ABS 公开发行
金融大改革	● 1998 年金融大改革：颁布《特定目的公司法》，简称《SPV 法》，帮助银行灵活处理不良债权
REITs 确立	● 2000 年 REITs 制度确立：《投资信托暨投资法人法》，增加公司型形态，明确投资信托或投资法人可直接投资不动产，简化了上市手续
REITs 发展	● 2001 年至今 J-REITs 快速发展：2001 年 9 月，第 1 只 J-REITs 上市，2003 年东京证券交易所发布 J-REITs 指数

图 7-1　日本资产证券化发展历程

日本住宅 REITs 主要的主管行政部门有 3 个。国土交通省主要的行政管理指导内容为：不动产产业的发展、不动产交易市场合理发展的相关业务、整备不动产投资市场的相关业务、不动产开发机构和中介机构的监督管理；金融厅对 J-REIT 的监管内容有：投资者保护法制的建立、信息披露制度的建立和监管、证券交易所自主规制机能的强化和监管以及不公正交易的监管和惩罚；财务省作为日本财政政策和税收体系的制定部门，对 J-REIT 主要起到税务制度的制定以及监管的作用。

日本不动产证券化已形成完整的法律体系。《投资信托以及投资法人相关法律》是 J-REIT 的基本法律；《金融商品取引法》是一部涵盖 J-REIT 的针对金融商品管理的专业法律；《会社法》是日本公司制度的基本法律，也是日本不动产证券化最重要的法律之一；《不动产特定共同事业法》是一部为多方投资者共同出资进行不动产投资而制定的法律；《信托法》是一部针对信托组合计划的专用法律，不动产证券化以信托受益权为对象的交易为一般状态，所以和信托法具有很深的关系；《资产流动化法》是设立特定目的公司的基本法律，而不动产证券化是将具有收益源的资产通过特定目的公司进行公司债的发行或者受益权的交易以实现投资者利益的过程;《宅地建物取引业法》是一部针对不动产买卖以及租赁市场的专业法律，对从事不动产交易的中介机构的行为规范以及责任义务进行了严格的监管。

日本住宅 REITs 的市值规模则小很多，仅为 1.2 万亿日元，折合人民币 735 亿元，占日本 REITs 市值 17%，位于第三，但仅 8 只 REITs 专注于住宅持有，持有房屋数量约 7.5 万套，而且分布极为集中，50% 位于东京都市圈。日本 REITs 大多采用外部管理，交由专业化物业管理公司进行日常租赁运营。最高市值公司 Advance Residence Investment Corporation，市值约 2.935 亿日元，即 240 亿元人民币，持有房屋 1.8 万套（图 7-2）。

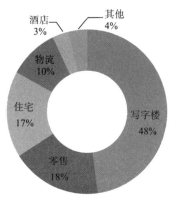

图 7-2　2016 年日本住宅 REITs 的市值占比

数据来源：杨现领、粟样丹《租赁新时代》（2017 年）

日本住宅 REITs 收益率相对较高。相较于日本 10 年国债 2000～2015 年平均利息收益率仅有 1.4%，日本住宅 REITs 利息能够维持在 3.5%～4% 之间。横向来看，相较于其他物业资产，住宅 REITs 回报率高于写字楼 REITs，2014 年后的表现甚至优于物流与零售 REITs（图 7-3）。

（二）经验和教训

1. 健全法律制度

在日本，与 J-REITs 相关的法律有投资信托法、金商法、银行法、保险业法，投资信托以及投资法人相关法律等一系列法律并不断修订成熟。而目前，中国还没有一部针对不动产证券化的专业法律。当前的法律体系对不动产证券化的发展存在较大的制约。尤其是缺乏破产隔离等相关法律。所以，法律体系的健全是当务之急。同时在监管层层面上也需要一个统一的行政部门来进行统一管理。

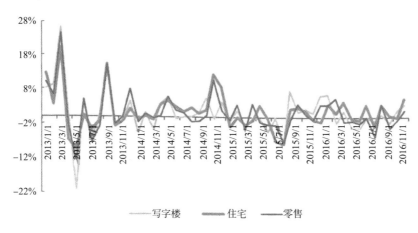

图 7-3　日本住宅 REITs 指数月度回报率与写字楼、零售比较

数据来源：ARES

2. 完善税收制度

对于不动产证券化的发展，合适的税收制度是一个重要的制度支持。在 J-REITs 下，依据投信法规定，投资法人在满足将 90% 以上的收益分配给投资者等条件下，分配金额可以在法人税的应纳税所得额税前扣除，避免双重征税问题。而目前中国的税收体系，无法避免双重征税问题，这是制约中国不动产证券化发展的一个主要因素。为促进不动产证券化市场的发展，保护投资者的合法利益，必要的税制改革是一项重要任务。

3. 培养高度专业的人才

不动产证券化市场需要包括银行、保险、法律、会计、评估、不动产中介、开发、监督和资产管理、物业管理等多行业的共同参与。而不动产证券化的从业人员与一般的金融资产证券化不同，除了需要具备金融会计等知识之外，还需要具备不动产投资运营等方面的高度专业知识，除了自身的培养和学习之外，借助外资的参与，我国在一定程度上也可以尽快地培养出合适的专业人才。

第一节　住房租赁法律法规

一、我国的住房租赁法律法规现状

我国住房租赁市场监测监管体系不断完善，在租购并举的住房发展背景下，除全国性住房租赁法律法规外，各地出台了地方性的住房租赁管理条例，对租赁当事人权利义务、登记备案制度、中介机构和物业公司、承租人租住标准等作出相应规定，并提出租赁住房的安全要求，制定消防标准、室内装修环保标准、住宅设计规范等。如《上海市住房租赁条例》于2023年2月正式实施，立法明确禁止"将住房用于群租"、房屋中介发布虚假信息，并加大对"二房东"的监管等；杭州创新性地提出了居住出租房屋"旅馆式"管理"3+X"的工作模式，鼓励各地按照辖区实际，积极探索其他运作模式，严格展开排查，租房分类管控，并强化科技手段的应用；成都对租赁合同、房屋转租、租金定价、房屋用途和结构、出租住房和租赁人员信息采集、租金和押金的收取和支付、公积金标准等作出了规定，并提出构建租赁市场的四级管理体系和加强信用信息体系建设。各城市从法律保障、政府监管、平台建设等方面对监管体系不断完善。

实行租购并举、健全住房租赁体系是我国深化住房制度改革的工作重点。其中，因城施策、加快制定专项性的法律法规，促进租赁市场规范化、持续化健康发展是其中重要的一环。随着我国新型城镇化的不断发展，农村人口不断往城市聚集，中小城市人口往大城市聚集，住房租赁市场在解决新市民的居住问题上发挥了重要作用。尤其党的二十大报告再提租购并举的住房制度，在十九大这一住房制度方向调整的基础上，改变了过去二十多年来我国房地产市场发展"重售轻租"的局面，对于促进住房租赁市场的发展将起到积极作用。

住房租赁市场的健康发展，一方面要充分发挥市场在资源配置中的决定作用，通过政策的鼓励和扶持，促进规范化、规模化企业的发展，为市场提供多元化的租赁产品，满足人们日益增长的美好生活需要；另一方面，在住房租赁市场大规模发展的初期阶段，市场失灵的现象将难以避免，因此需要政府的积极作为，制定符合租赁市场发展规律的政策，促进市场的健康发展，让全体人民住有所居。

我国现行的租赁法律法规通过多种举措对承租人、中介机构、出租人等多方行为主体进行规范，维护市场秩序。表 8-1 整理了我国租赁制度相关法律法规的演进情况。同时，各城市也因城施策、与时俱进，进一步完善我国租赁住房的法律法规。

我国住房租赁法律法规演进情况 表 8-1

时间	部门	文件	内容
1994 年 7 月 5 日	人大常委会	中华人民共和国城市房地产管理法	出租人和承租人应当签订书面租赁合同，约定租赁期限、租赁用途、租赁价格等
2000 年 12 月 7 日	国税总局	财政部 国家税务总局关于调整住房租赁市场税收政策的通知	个人出租住房所得税减至 10% 等
2008 年 3 月 3 日	国税总局	财政部 国家税务总局关于廉租住房经济适用住房和住房租赁有关税收政策的通知	个人出租住房所得税减至 1.5% 等
2010 年 12 月 1 日	住房和城乡建设部	商品房屋租赁管理办法	出租住房的，应当以原设计的房间为最小出租单位，人均租住建筑面积不得低于当地最低标准
2015 年 1 月 14 日	住房和城乡建设部	住房城乡建设部关于加快培育和发展住房租赁市场的指导意见	用 3 年时间基本形成制度健全的住房租赁市场；支持房地产开发企业从单一的开发销售向租售并举模式转变；积极推进 REITs（房地产投资信托基金）试点
2015 年 1 月 20 日	住房和城乡建设部、财政部、央行	住房城乡建设部 财政部 人民银行关于放宽提取住房公积金支付房租条件的通知	职工连续足额缴存住房公积金满 3 个月，本人及配偶在缴存城市无自有住房的，租赁住房可提取夫妻双方住房公积金支付房租
2016 年 6 月 3 日	国务院办公厅	国务院办公厅关于加快培育和发展住房租赁市场的若干意见	发展住房租赁企业，鼓励房地产开发企业开展住房租赁业务，规范住房租赁中介机构，推进公租房货币化，制订租赁住房用地计划，鼓励新建租赁住房，对租赁企业给予税收优惠等
2017 年 5 月 19 日	住房和城乡建设部	住房租赁和销售管理条例（征求意见稿）	鼓励专业化住房租赁企业长期经营，明确界定出租人与承租人的权利义务，切实保证租客利益
2017 年 7 月 18 日	住房和城乡建设部等九部委	关于在人口净流入的大中城市加快发展住房租赁市场的通知	培育机构化、规模化住房租赁企业，建设政府住房租赁交易服务平台，增加租赁住房有效供应
2017 年 7 月	广州市政府	广州市人民政府办公厅关于印发广州市加快发展住房租赁市场工作方案的通知	具有本市户籍的适龄少年儿童、人才绿卡持有人子女等在享受教育等方面"租售同权"
2017 年 8 月 21 日	国土资源部	利用集体建设用地建设租赁住房试点方案	将北京、上海、广州、厦门等列为试点
2018 年 4 月	住房和城乡建设部、证监会	中国证监会 住房城乡建设部联合发布关于推进住房租赁资产证券化相关工作的通知	推进住房租赁资产证券化

续表

时间	部门	文件	内容
2022 年 9 月 1 日	地方人大	北京市住房租赁条例	推动住房租赁市场的进一步规范化，加快构建"租购并举"住房体系
2022 年 11 月 23 日	地方人大	上海市住房租赁条例	明晰了各市场参与主体的责权利关系，规范了住房租赁企业的经营行为，明确政府相关部门的职责和处罚违法违规行为的依据，保障租赁双方的合法权益

来源：根据住房和城乡建设部等官方网站整理。

二、部分发达国家住房租赁的相关法律法规

发达国家都非常注重运用法律手段来规范住房租赁市场，或在一些通用法律中专门设置了针对住房租赁的部分，或针对住房租赁进行专项立法，确定住房租赁体系的管理体制和方法，为规范住房租赁市场奠定了法律基础。

表 8-2 归纳了典型发达国家在住房租赁方面的法律法规情况。

典型发达国家住房租赁相关法律法规 [①]　　　　表 8-2

国家	法律法规名称	主要内容
德国	德国民法典中"关于住房的租赁使用关系"	规定租赁双方的权利和义务；租金管制
	德国租户保护法案	保障承租人权益
美国	美国统一住房租赁法	对出租人和承租人的权益保护进行规定；对出租人在房屋养护方面的义务进行规定
	住房与城市发展部租房券和承租资格认定计划	资助低收入者、老年人和残疾人获得租赁住房
英国	租赁法案	加强租金管制；保障承租人权益
	住房法案	规定租户行为和租赁双方的权利
	群租屋申领许可证令	群租管理方面的规定
日本	借地借家法	租赁双方权益保护
	土地和房屋租金管制法	租金管制
法国	1948 年颁布的法律	全面解释；租金管制
	1982 年颁布的吉尤法	通过租房合同详细规定租赁内容；规定房客维护维修的义务；租金管制
	1986 年颁布的梅埃涅利法	

以上五个国家在住房租赁立法方面的主要经验有：第一，对租赁双方的权利和义务进行了详细的规定，尤其侧重于保护承租人的权益；第二，大多数国家都进行了租金管制，防止房租过快上涨影响居民的居住水平；第三，通过对群租管理、房屋养护等其他租赁相关的内容进行规定，进一步完善了住房租赁法律体系。

---

① 根据公开资料整理。

（一）德国

德国关于房屋租赁的关键法律法规是《民法典》中的《住房租赁法》，在承租人租住权保障、租约管制和租金管制等方面做了如下规定：

1. 只有在承租人有重大违约行为、出租人需要自行居住该房屋等正当理由充分的情况下，出租人才能终止合同。

2. 出租人终止合同应提前 3~9 个月通知承租人。承租人居住期间越长，提前时间就越长。

3. 在承租人无法取得合适的替代住房等过于严苛的情况下，即便有正当理由，出租人也不能单方面终止合同。

4. 如果承租人无法支付房租，房东不能直接将其赶走，而必须上诉法庭。

5. 在签订新的租赁合同时，当事人在不违反法律的前提下可以自由约定租金。根据《住房租赁法》，房东要上调租金，必须满足租金 15 个月未变且目标租金不超过市政当局或其他城市的大小、设施、质量、位置等条件相当的同类型住房的租金标准。租金在 3 年内涨幅不得超过 20%，租金超过"可比租金"（Ortsübliche Vergleichsmiete）[①] 的 20% 即构成违法，超过 50% 即构成犯罪。2013 年《住房租赁法修正案》出台，继原有的租金在 3 年内涨幅不得超过 20% 的基础上，进一步规定在市政府判定的住房供应严峻的区域，租金在 3 年内涨幅不得超过 15%，限制期限为 5 年。

在合同管理方面，德国的租房合同根据期限分为有限期和无限期两种。无限期合同保证租房人能长久租住一处房产。合同双方终止合同必须提前三个月通知对方。如果租期超过 5 年，必须提前半年通知对方；租期为 8 年，则必须提前 9 个月通知；租期为 10 年以上，必须提前 1 年通知。德国政府对租赁双方权益保护的相关规定如表 8-3 所示。

德国政府对租赁双方权益保护的相关规定	表 8-3
内容	目的
签署租房合同期间，租房人必须提供三项证明：①信用等级证明（即此前支付租金的记录）；②详细的工作情况；③财务状况的证明文件	保护出租方
租房合同通常还规定须按入住时候的样子归还房屋，租房期间对房屋所做改变必须全部恢复	保护出租方
如果租房者无法支付房租，房东不能直接将其赶走，而必须上诉法庭，提供证据证明租房者确实没有足够收入	保护承租方
明确规定禁止"二房东"	保护租赁双方，杜绝非法租赁和投机行为

---

① 对于可比租金的确定，法律规定了三种方式：一是根据地区租金指数，二是没有建立租金指数的地区通过抽查、专家意见等方式形成租金水平，三是租金数据库。

（二）美国

美国与房屋租赁相关的法律法规主要是《美国统一住房租赁法》，对租赁双方的权利与义务做了详细的规定，如表 8-4 所示。

美国房屋租赁法对租赁双方权利与义务的相关规定　　　　　　　　表 8-4

项目	规定	内容
出租人的义务	交付占有	出租人有责任将租赁初始房屋交付承租人
	承租人稳定享有租赁房屋权利的承诺	出租人不能妨碍承租人对物业的占有、使用的权利
	适住性保证	出租人在租赁期内，必须提供没有严重缺陷的物业给承租人居住和使用，该物业不能损害承租人的健康或者安全
承租人的义务	保护租赁房屋的责任	约定了承租人有限度的维修责任，以补足房屋的正常日常损耗
	支付租金	—
承租人的救济权和自我保护的权利	法定驱逐	必须通过诉讼程序以及具备正当理由（如没有支付租金、将房屋用于非法用途或租赁合同到期等）才可进行驱逐
	出租人违约	出租人如果未能履行义务（如适住性担保、房屋维修、一些地方的租金管制立法规定）等，承租人可以免予支付租金或免予被驱逐
	禁止报复性驱逐	出租人不能因为承租人举报其违反健康和安全法规或者参加承租人协会等行为而报复性地解除租赁合同并将租客驱逐
出租人的救济权和自我保护的权利	收回租赁权	对承租人启动法定驱逐程序前，出租人可以运用普通法中关于收回房屋租赁权的救济方式
	自助行为	出租人的自助救济要求在没有政府干预或者没有启动法律程序的情况下实施，包括强行进入，强行驱逐承租人
	赔偿	承租人未支付租金或其他违约事项

同时，租赁法中，对租金控制和两种租约也进行了规定。

关于租金控制，美国各地对租金控制的做法差异很大。原则上租金都是自由约定的，但在加利福尼亚州、华盛顿、新泽西州和纽约州 4 个地区，对租金上涨有限制。

美国有两种住房出租合同。一种是"租赁（Lease）"合同，另一种是"租借"（Rental）合同。租赁合同的期限一般是 6 个月或一年，到期后需要双方重新商定合同，否则租户就要搬出去；租借合同是相对短期的租约，一般为一个月，除非双方约定好，否则到期后自动延期。

另外，美国法律并不禁止转租，但是转租必须征得房东同意。房东也需要有合理的理由才能禁止转租。

美国一些城市对租赁实施备案制度，比如纽约市对出租公寓进行规定：房东必须向纽约市房屋管理处办理房屋的注册登记，报备地址、电话等有关资料。1968 年颁布并于 1988 年修改的《联邦公平住房法案》保障不同种族、肤色、宗教、性别、国籍、伤残和家庭状况的人群免受歧视。例如，指导房屋供应商为残疾人士提供"合理的住处"。该法案禁止在所有类型房屋交易中的歧视行为：包括标准房地产交易、贷款、融资、评估、保险和广告等。

（三）英国

英国关于住房租赁的法律法规有《租赁法案》《住房法案》《群租屋申领许可证令》三部。主要在租金控制、安全管理和群租管理方面做了规定：

控制租金。英国在20世纪80年代以前倾向于保护承租人利益，从1915年到1980年，对租金进行了"标准房租①""公平房租②"等一系列严格的控制，导致私有租赁住房从全部住房的90%下降到10%。1980年开始，逐渐放松了住房租金管制，制定了"受保障的短期租约条约③"等保护出租人权益的法律，使私有住房租赁市场实现了回升。

租赁住房安全管理。要求出租者要请国家认证的工程师对出租房进行每年一次煤气安全检查，每两年一次防火安全检查。

群租管理。要求凡所出租房屋超过三层、租户超过五人，并共用厨卫设施者，房东必须先申请群租许可证。拿到许可证后，每五年缴纳一笔可观的许可证费，加强安全检查。

后来《英国住宅法》几经调整，主要针对租户权利进行了补充，如表8-5所示。首先是提出了租户特权，包括租赁保障的定义、拥有住户的程序和基础、丧偶者的续租权、寻求同租者和分租的权利、经房主许可后改善住房和申请住房改善补贴的权利、获得有关信息和咨询服务的权利。其次是提出了赋予租户选择房主的权利。最后提出租户拥有自主采取应急维修措施的维修权。

英国法律中关于租赁双方权利义务的规定　　　　表8-5

	内容	具体规定
第三部分出租人和承租人	第一章：承租人的权利	不付服务费（租金）终止租约的限制，合理的服务收费的定义，选定顾问调查及选择管理者的权利，违法行为的法庭司法权
	第二章：出租人的权利	短期租约条款说明的权利，收回到期租约和终止租约
	第三章：租赁改革	低租金尝试，集体共有权，多个产权拥有者，住户满意的条件，租赁评估和物业管理等
第五部分承租人的行为	第一章：租约解释	规定了租约的期限、占用房屋的程序、租约的继承条件等
	第二章：重新占用房屋	保障和确认租约

---

① 标准房租指确定了一个标准房租后，房东不能再强迫租户缴纳超过标准房租的租金。新旧房客缴纳同样标准的租金。

② 公平房租指政府的出租办公室对所有出租房屋进行租金管理，将社会住宅租金与私人住宅租金水平拉平，对低收入群体给予住房补贴。

③ 受保障的短期租约条约指私人出租人可以把租期定在最短6个月，如果承租人没有续约，6个月之后可以收回房屋。

（四）法国

法国与住房租赁相关的法律法规主要有：1948 年的《租赁法》《吉尤法》《梅埃涅利法》。主要对租约期限、租金管制、租赁机构及其从业人员管理进行了规定：

租赁合同时间较长，私人业主住房租赁合同期一般为 3 年，公司出租住房合同期为 6 年。承租人即使无法支付房租也可以居住在租赁房屋内 18 个月以上，而承租人解约时需要提前 3 个月通知出租人。承租人为租房办理住宅保险。

租金管制。房东在出租房屋及续约时不能随意抬高房租价格，需要根据一些指数（"建造成本指数""房租参考价格指数"）的增长幅度调整租金涨幅。

对租赁机构及其从业人员的管理。法国政府管理低租金住房主要由 5 个联合会负责。所有低租金住房建设资金来源主要是国家的社会福利资金。在租房分配上，省政府房管处拥有 30% 的配额，市镇政府房管处拥有 25% 配额，其他的部分属于各行业住房委员会。

（五）日本

日本法律对住房租赁行为的各个方面覆盖比较全面，租金管控经历了由紧到松的演变。

第一，日本与住房租赁相关的法律有 9 部。规范中介行为的法律有《宅地建筑物交易业法》和《关于不动产的广告的公平竞争规约》；与合同相关的法律有《民法》《借地借家法》和《消费者契约法》；规定各方权利关系的法律有《民法》《借地借家法》和《促进公寓重建顺利实施法》；租赁关系登记的法律有《不动产登记法》；租赁型保障房的法律有《公营住宅法》和《住宅公团法》。

第二，租金管控由紧变松，但总体倾向于承租者。在房地产泡沫期之前，日本实施了较为严格的租金管控措施，主要是在《借地借家法》和《地租房租管制令》中体现的"买卖不破租赁"、除了"自己使用"不得拒绝承租人续租的要求和没有正当理由不得随意涨租等；在房地产泡沫时期，为了促进房东供给租赁住房，从而缓解高房价为民众带来的压力，日本从法律上放松管制，废除《地租房租管制令》，修订《借地借家法》，规定在租期内可以通过向承租者支付一定的退租费的方法结束租约，并创设另外一种定期住房租赁制度（租约到期后不自动续约）。但是日本的住房租赁法律还是倾向于承租者的，房东即便是有正当理由也要提前半年向租户提出退房请求，且不可在租赁中途调整租金，一般是在两年期满后才可以调整租金。

第二节　住房租赁市场监测管控

一、我国的住房租赁市场监管监测情况

我国对住房租赁市场的监管监测主要通过政府监管、行业自律和社会自治三种方式来实现。各城市对租赁市场的管理都进行了有益的探索，监管主体涉及住房管理部门、公安部门、消防部门、工商行政管理部门、物价部门、税务部门、规划部门、国土部门、城市管理部门、人口与计划生育部门等。

广州、杭州和成都均形成了多级的租赁管理体系，负责房屋租赁登记管理、房屋租赁价格评估、房屋租赁信息收集和发布等推进租赁市场发展和规范管理的常规性事务。此外，广州市还设立了来穗人员服务管理局，负责组织、协调、指导全市来穗人员和出租屋服务管理工作；杭州市租赁管理主体还承担住房租赁相关政策研究、租赁住房项目计划编制和推进职能；成都还负责老旧院落和物业管理的监督、指导，对租赁住房内发生的治安、消防等违法案件进行应急处置等。同时，广州、杭州和成都均成立了房地产租赁协会，以加强行业自律，提升服务水平。除此之外，杭州市率先提出整合各种力量、调动社会资源，发挥社会自治的作用，通过居民自治、社会监督、村规约束等方式，教育、督促房东和承租人履行法定义务和约定职责，积极引入居住出租房屋安全社会化保险机制，创新管理模式。

为合理调控住房租金水平，2021年住房和城乡建设部等部门联合发布的《关于加强轻资产住房租赁企业监管的意见》规定：住房租赁市场需求旺盛的大城市住房和城乡建设部门应当建立住房租金监测制度，定期公布不同区域、不同类型租赁住房的市场租金水平信息。积极引导住房租赁双方合理确定租金，稳定市场预期。发挥住房租赁企业，尤其是大中型住房租赁企业在稳定市场租金水平方面的示范作用。加强住房租赁市场租金监测，密切关注区域租金异常上涨情况，对于租金上涨过快的，可以采取必要措施稳定租金水平。在城市层面，广州市早在2013年便开始了通过建立以"地-楼-房"数据地理信息系统和流动人员信息系统为基础的数据库综合平台，进行租赁监测。具体监测工作由广州市房地产中介协会实施，该协会将全市行政区域划分为若干个板块，选择典型楼盘（社区）作为住宅租金动态监测点，通过中介机构每月采集报送，协会研究部汇总计算的方式，监测广州市商品房住宅租金走势及热点动态，形成定期的租金价格报告。部分城市的租赁条例也在法律法规层面对租赁价格监测进行了明确。如《上海市住房租赁条例》体现了适时调控介入的理念，明确建立住房租赁价格监测机制，当"住房租金显著上涨或者有可能显著上涨时，可以依法采取涨价申报、限定租金或者租金涨幅等价格干预措施，稳定租金水平"，同时，明确住房租赁企业、房地产经纪机构对外发布房源信息的，应当核实房屋权属证明和基本状况，通过

网络信息平台发布房源信息的，平台经营者应当对发布者提交的相关材料进行核实。

二、发达国家住房租赁市场监测管控经验

发达国家的租赁市场发展历史长、法规健全、管理规范，在对租赁市场监管方面有很多值得学习和借鉴的地方。

（一）英国

英国对租赁市场的监管主要体现在对多承租人租赁许可制度、押金和纠纷处置方面。

1. 多承租人房屋（HMO）许可制度

英国政府依据《住房法》的有关规定，出台了《多承租人房屋许可证法令》和《多承租人房屋管理条例》，以实施"多承租人许可证"制度。该制度规定，至少有 3 个承租人住在一处房产内并且卫生间、浴室或厨房设施由租户共用的，属于多承租人房屋。如果房屋由 5 个以上的承租人租住，则需要经政府审查、取得 HMO 许可证，才能开展该项业务。[1]HMO 制度项下有严格的审查机制。政府部门需要对出租人和住房进行严格审核。例如：出租人必须是适当人员，不得有犯罪记录；房屋及附属设施必须得到良好管理；承租人应能保证自己的行为不会妨害其他承租人或邻居；房屋必须符合地方政府有关房屋健康、安全的具体规定等。[2]

2. 押金的第三方托管制度

英国政府要求对租房押金采取第三方托管的方式。为此，政府部门推出了"承租人押金保护（Tenancy Deposit Protection，TDP）"项目，由市场主体来具体执行。目前，英格兰和威尔士认证的托管项目有"承租人押金保护（The Deposit Protection Service）""房客押金保障资格（Tenancy Deposit Scheme）"以及"我的租金（My Deposits）"等。出租人收到押金后，需要在 30 天内将押金交到认证的托管项目。[3]托管项目收到押金后会给承租人发送确认函。租房合同结束后，托管项目会根据承租人和出租人约定的押金分配方案来处置押金，并在合同结束后的 10 天内完成。如果押金分配未能取得一致，将会一直由 TDP 项目托管，直到双方达成一致。[4]

3. 租赁纠纷投诉机制

英国法律规定，出租人和中介部门必须为承租人提供安全卫生的居住环境。如果承租人与出租人或中介产生纠纷，可以向当地政府部门投诉。英国的各地区政府设有

① Houses in Multiple Occupation（HMO）[EB/OL]. https：//www.gov.uk/renting-out-a-property/houses-in-multiple-occupation-hmo，2020-8-27.

② 王忠，李慧敏. 英国住房租赁市场的监管机制 [J]. 城市管理与科技，2018，20（4）：88.

③ Deposit protection schemes and landlords[EB/OL]. https：//www.gov.uk/deposit-protection-schemes-and-landlords，2020-8-27.

④ 王忠，李慧敏. 英国住房租赁市场的监管机制 [J]. 城市管理与科技，2018，20（4）：88-89.

专门人员"租赁关系官员（Tenancy Relations Officer，TRO）"负责协调承租人、出租人和中介的关系。在租房过程中，承租人与出租人发生的矛盾都可以联系调解机构进行协调解决①。比如出租人拒绝与承租人签订正式租房合同；出租人或中介违反租房合同，找出各种理由让承租人提前搬走；出租人拒绝修理出租房屋的家具、电器或者拒绝维修房屋等，承租人都可以进行投诉。TRO 收到投诉后会联系出租人，直至登门核对承租人反映的问题，并根据相关的法律条文提出解决方案，出租人如果不遵照执行将会受到相应的处罚。除了 TRO，每个区政府也设有专门监管环境卫生的人员"环境健康官员（Environmental Health Officer，EHO）"。如果住房环境卫生存在问题，比如电、气存在安全隐患，环境污染，承租人可以向 EHO 进行投诉。接到投诉后，EHO 会安排专职人员实地核查，并提出相应的解决方案，出租人如果拒绝执行将面临法律制裁。②

（二）德国

德国对租金的管控是非常具有代表性的监管措施。同时，德国作为长期保持以租赁为主的住房占用形式的国家，也严格控制房屋的空置率，以保障租赁房源的有效供给。

1. 住房租赁价格控制

德国的房租合理价格在《德国民法典》中称为对比性租金。对比性租金由房屋所在市镇或可比较的市镇在最近 4 年里，由市政部门、房东与房客协会、住房租赁中介等机构，根据所出租房屋的具体类型、房屋大小、房屋设备、房屋特征、房屋位置等因素综合决定。每套房屋租金都必须参照这个价格表。由于德国不同地区的租金差异很大，所以按照城市人口数量将房租分成 6 个等级：居民数在 1 万及以上的是等级 I，2 万及以上的是等级 II，以此类推。如表 8-6 所示。

最高租金的相关规定　　　　　　　　　　　　　表 8-6

需考虑的家庭成员数	房租等级	最高租金（欧元）	需考虑的家庭成员数	房租等级	最高租金（欧元）
1	I	312	2	IV	526
	II	351		V	584
	III	390		VI	633
	IV	434	3	I	450
	V	483		II	506
	VI	522		III	563
2	I	378		IV	626
	II	425		V	695
	III	473		VI	753

① See settling disputes[EB/OL]. https：//www.gov.uk/renting-out-a-property/settling-disputes，2020-8-27.

② 王忠，李慧敏. 英国住房租赁市场的监管机制 [J]. 城市管理与科技，2018，20（4）：89.

需考虑的家庭成员数	房租等级	最高租金（欧元）	需考虑的家庭成员数	房租等级	最高租金（欧元）
4	I	525	5	IV	834
	II	591		V	927
	III	656		VI	1004
	IV	730	每增加一个家庭成员的房租增加值	I	71
	V	811		II	81
	VI	879		III	91
5	I	600		IV	101
	II	675		V	111
	III	750		VI	126

对于租金价格的上涨有着非常严格的规定。15 个月内不曾涨价的房屋，涨幅不得超过 10%，3 年内不允许房租涨幅超过 20%，租金超过"合理价格"20% 即构成违法，超过 50% 即构成犯罪。

2. 严格控制空置率

德国地方政府为了提高房屋使用效率，打击住房投机行为，实施了较为严厉的空置率控制政策，通过对空置房屋收取较高房产税的方式促进了私人住房业主对空置房的利用效率，保证了租赁房源的供给。

（三）美国

美国对租赁市场的监管较为有特点的是构建了 REITs 的监管政策框架，美国住房租赁 REITs 最为成功是与该框架分不开的。

1. 构建 REITs 的监管政策框架

美国政府建立了有效的 REITs 监管政策框架，对组织方式、投资内容、收益来源与收益分配等进行严格的规定。美国 REITs 是依据公司法成立的、具备法人资格的经济实体，采用的是公司型封闭式结构，其内部组织结构与一般股份有限公司区别不大，采用董事会领导下的经理负责制。董事会是公司的管理机构，不直接参与公司经营，而是负责 REITs 的投资策略和监督指导企业的业务运作；董事由股东选举产生，不仅需要具有三年以上房地产管理经历，还要求现在和过往两年内，与 REITs 的发起人、投资顾问和附属机构没有任何直接或间接利益关系。REITs 的经营管理由董事会聘请内部或外部的管理公司进行，前者 CEO 由董事会任命，后者则相对独立。在美国，公司若要取得 REITs 资格，必须符合美国《国内收入法》（Internal Revenue Code）中的某些条款。

2. 租金管控制度

美国注重管控租金来调节住房租赁市场。联邦层面规定了押金管理制度，美国《统一住房租赁法》第 2.101 条规定，出租人索要或接受的押金数额不得超过 1 个月的租金。州层面规定了一系列租金管理制度，以纽约州和哥伦比亚特区为例。纽约《租金管制条例》规定受租金管制的房屋由 "房屋与社区维护局（Division of Housing and Community Renewal，DHCR）" 确定其最高租金。此外，每隔一至两年出租人可以向 "房屋与社区维护局" 申请提高租金，后者根据租金指导委员会的报告决定是否准许调整[①]。房屋所有人必须在租赁关系确定后到有关登记部门登记包括所有人姓名、地址、出租房屋数量、登记日所收取的租金数额、有关服务等信息[②]。又如哥伦比亚特区的《住房租赁法》，该法对租金控制的规定包括：出租人增加租金应具备法律规定的事由；出租人要求增加租金不得违反租赁合同；每 12 个月最多只能增租一次，且涨幅不超过 10%。

3. 租赁住房可居性的标准化

为了保证承租人在居住时的安全与舒适，美国的相关法律对住房的 "可居性" 予以规范。如美国《佛蒙特州法典》要求住房须达到卫生、安全、健康等条件。此外，出租人一般还负有修缮住房的义务以使住房及相关设施保持可居性标准。居住型出租人必须遵守所有的建筑法和住房法，维护出租屋使之处于 "良好而宜住的状态"，维护公共部分的清洁与安全，维修保养好所有的电力、管道、卫生、供热、通风、空调以及其他设施等。

（四）日本

日本对从事租赁的企业在资金方面要求较为严格。

1. 营业保证金制度

日本《宅地建筑买卖业法》规定，从事不动产业的公司，需在法务局存入一定金额作为营业保证金（总公司为 1000 万日元，如有分公司，则每一个分公司存储 500 万日元，或者选择加入一家不动产保证协会，则总公司存入 60 万日元，分公司存入 30 万日元），用以保障接受服务方的利益。一旦存在消费者欺诈行为，将利用营业保证金直接赔偿租户，如不够赔偿，将取消公司不动产经营资格。

2. 规范租赁中介广告行为

中介在登载广告时需要按照《不动产广告公平竞争规约》的规定对房屋所在地、交通通达度、各种设施的距离、小区规模、房屋面积、照片、设备设施、租金等事项进行说明。不得登载虚假广告，如若违反将视情节严重程度处以不同程度的警告和罚款。

（五）关于租金管控

从几个典型发达国家对租赁市场的监管措施中可以看出，租金管控是政府对住房租赁市场中房屋的租金水平进行管理和控制运用的较为广泛的措施，是政府通过直接调控租金来介入租赁市场的手段和方式[③]。而政府之所以要实行租金管控，主要从两个

---

① 周珺. 住房租赁法的立法宗旨与制度建构：以承租人利益保护为中心 [M]. 北京：中国政法大学出版社，2013.
② 同①。
③ 徐苑昕，刘洪玉. 住房租赁市场租金管制政策的国际经验及借鉴 [J]. 中国房地产，2020（3）.

方面进行考虑：一是实现人人都有可负担、体面的住房是政府的职责；二是租赁市场并不是完全竞争市场，存在市场失灵的问题，需要政府通过干预来促进资源的优化配置，提高社会总福利。因此，本部分针对租金管控措施专门进行讲述。

1. 租金管控的发展历程

境外租金管控政策的出台和演变与特定的历史阶段相关。学界通常把租金管控分为两个阶段：第一代租金管控指第一、二次世界大战期间及战后。由于战后经济亟待恢复，同时大量士兵滞留，造成城市住房短缺，一些国家和城市不得已采取了租金管控措施；第二代租金管控指 20 世纪七八十年代至今，随着 20 世纪 70 年代美国经济危机爆发，住房市场萧条，部分欧美国家重新启动了租金管控制度，并在第一代政策的基础上进行了大量调整。

第一代租金管控严格限制了租金水平，第二代租金管控政策除规定了租金水平和租金涨幅如何调整外，还配套了保障租赁双方权益的条款，更好地平衡了房东和租客的利益。

2. 租金管控的方式

（1）租金限制

美国通过规定基础租金和可增加租金来确定租金上限。实行租金管控的地区一般都会规定出租房屋的基础租金来作为实施租金数额限制的基本指标。基础租金加上依据法律可增加的租金便是租金的上限。但是，并不是所有地区都设有基础租金，有些地区直接规定了最高租金，例如纽约市[1]。

德国通过制作租金一览表，提供每套房屋的租金参考价格，从而限制租赁合同的租金价格。根据《德国民法典》第 558 条第 1 款的规定，在需要提高租金的情况下且租金已 15 个月未变的，出租人可以请求将租金提高到当地通常的对比性租金水平[2]。

（2）租金涨幅限制

美国租金的调整分为一般性年度调整和特别事由调整，各地区对租金调整幅度的规定并不相同。一般性年度租金调整是指，所有出租人每年可以一定的百分比提高租金，通常该百分比与上一年度通货膨胀率或者物价消费指数相当。特别事由调整是指，出租人可以基于法定事由向专门的行政机关申请调整租金，最终由该机关决定是否准许调整。

《德国民法典》规定了租金调整的两种方式：一种是"分级租金"，即双方根据固

---

① 纽约最高租金的标准由市租赁管理机关根据房屋建造的年代、出租的年代、不动产税和管理费用、建筑的结构、建筑内出租房屋的数量等因素来确定。

② 所谓的当地通常的对比性租金，是由该市镇或可比较的市镇在最近 6 年里，就种类、大小、配备、性质和位置（包括能源配备和能源性质）可比较的住房所有约定或变更的通常报酬组成。该对比性租金在《德国民法典》第 558 条规定的租金一览表中可以查询。

定的时间间隔，就租金问题进行书面约定，在每个时间段内不得任意上涨租金；另一种是"指数租金"，即双方可根据国家颁布的生活物价指数进行调整。无论是哪一种租金调整方式，租金调整的间隔最少为一年。除非因采取现代化措施后提高租金或者运行费用发生改变的，3 年内租金涨幅不能超过 20%。在住房短缺的地区，州政府有权将该比例确定为 15%。

英国 1988 年颁布的《住宅法》放宽了租金管控。具体规定是，如果租赁双方目前正处于固定租期（Fixed Term）租约中，那么房东就不能随意调涨租金，除非获得租客的同意，或者租约上有相关的加租条款，或者等到固定租期结束以后。而如果双方处于周期性租期（Periodic Tenancy）中，那么房东就有权要求调涨租金，但每年只能调整一次。

日本《借地借家法》规定，只有在三种情况下才可变更租金，包括：房地产相关税收及其他负担的增减导致租金不合时宜；房地产价格涨跌及其他经济变动导致租金不合时宜；与同区域同类别房地产相比，租金不合时宜。此外，当房东要求租金上涨超过租户预期，租户可将自认为合理的租金委托给租金托管所后继续居住，不用考虑因未交给房东租金而被强制搬出。租金委托后，可继续与房东协商，或寻求调停委员会的帮助，甚至可通过法律诉讼来解决，直到双方达成一致。

（3）管制范围限制

住宅租金管控相关立法的主要目的是保护那些由于租金高涨无法负担的贫困租户，满足其居住的基本需求。因此，并非所有的住宅租户都需要法律的特殊保护，并非所有的住宅均需受到管制。故各地区因地制宜，规定了豁免的对象。如纽约州的租金法案（Rent Act）中有一条关于房屋免除管制的规定（High-rent or High-income Deregulation），对于高租金的房屋或是高收入的租户的情况，可以不受租金管控的限制。

3. 租金管控的利弊

在租赁市场上承租人由于各种原因通常处于劣势，房东可以利用其有利的市场地位来索取高额租金或者随意提高租金，租金管控的原因和目的之一就是消除这种地位差别，保护租户的利益，促进市场公平。尤其是在房租上涨过快的时期，租赁支出占比过高将对消费产生挤出效应，降低生活质量。因此，租金管控有利于保障租客，尤其是中低收入群体的基本居住权利。此外，租金管控有利于稳定市场预期，进而促进住房租赁市场的稳定。

弊端在于租金管控减少了房东的利润空间，将抑制租赁住房的投资和供给，同时需求上升，供求关系更加不平衡，致使人们将更难找到住房。以柏林为例，尽管实行了严格的租金上涨禁令，但由于租赁需求高涨而住房供应不足，租金价格仍不断上涨。据德国房屋信息门户网站 Immowelt 统计，2016 年以来，柏林房租在 5 年内上涨了 42%。此外，有些房东可能会为了保证自己的利润而减少对房屋的维护，或是通过其他名目收取租金以外的费用，进而影响承租人的居住质量或损害承租人的权益。因此，一些国家或城市政府针对高租金现象，如伦敦市政府主要采取增加通过控制城市规划要求开发商配建可支付住房增加住房供应、"市政税—租金补贴"等模式予以引导和支持，特别是面向中低收入人群提供租房补贴和相关税费减免等。

第三节 市场环境和权益保障

为规范住房租赁市场秩序、保障租赁双方合法权益，相关部委发布通知，要求首批开展住房租赁试点的 12 个城市搭建政府住房租赁交易服务平台。住房租赁平台通过审核房源、信息发布及租赁交易等将各类租赁信息统一管理，在规范住房租赁市场秩序方面发挥了重要作用。

租赁平台集服务与管理为一体，具备房源核验、信息发布、交易、备案、租金监控、网上支付、信息共享等功能，保证信息真实可靠和透明。此外设置诚信评价和信用体系功能，鼓励租赁主体自觉履约，规范租赁行为，提升城市智慧治理服务水平。上海市住房租赁公共服务平台在 2018 年 3 月完成上线，如表 8-7 所示，大多数城市为政府自建的租赁平台，数量占到首批试点城市的 2/3。2017 年 8 月，成都率先上线由政府自建的住房租赁交易平台。2017 年 9 月，杭州联合阿里巴巴合作搭建的住房租赁交易平台，为全国首家智慧住房租赁平台，树立了政企合作的典范。

首批 12 个试点城市住房租赁平台基本情况　　　　表 8-7

平台名称	上线时间	平台入口	建设模式
成都住房租赁交易服务平台	2017/08	"蓉e房产"APP/微信公众号/官网	政府自建
杭州住房租赁监管服务平台	2017/09	官网/支付宝租房	政企合作
广州智慧阳光租房平台	2017/10	"阳光租房"APP/"阳光家园"官网	政府自建
深圳联交所联合租赁平台	2017/12	"深圳智慧租房"微信公众号	政银企合作
厦门市住房租赁交易服务系统	2017/12	"租房直通车"APP/官网/微信公众号	政府自建
合肥市住房租赁服务管理中心	2017/12	官网	政府自建
肇庆市住房租赁监管及交易服务平台	2017/12	"建融家园"官网/APP	政银合作
佛山市住房租赁监管及交易服务平台	2017/12	"建融家园"官网/APP/微信公众号	政银合作
南京住房租赁交易服务监管平台	2018/01	微信公众号	政府自建
沈阳住房租赁交易服务平台	2018/01	官网/微信公众号	政府自建
郑州市房屋租赁信息服务与监管平台	2018/02	官网	政府自建
上海市住房租赁公共服务平台	2018/03	官网	政府自建

资料来源：各城市住房租赁平台官网

从各地实践来看，住房租赁平台功能设计已初步完善。成都市住房租赁交易服务平台建立较早，设计功能比较完备，以其为例，如表8-8所示：第一，平台为承租人提供房源搜索、预约看房、在线签约与缴费、信用评价等服务；第二，平台为出租方提供租赁房源发布、租赁房源撤销、寻找中介及寻找承租人；第三，平台还提供了监管功能包括线上签约、申请住房租赁备案、机构红/黑名单查询、经纪人红/黑名单查询及经纪人管理平台等；第四，平台还提供了大数据服务、客户服务及信用评价等。

住房租赁交易服务平台功能设计范例 表8-8

分类	具体功能	功能说明
承租人	房源种类	●个人房源由个人、中介及机构发布 ●品牌公寓
	房源搜索	●按区域、租金、户型、地铁及公交搜索房源
	看房管理	●线上预约看房＋电话咨询
	房源预定	●房源在线预订
出租人	出租服务	●租赁房源发布
		●租赁房源撤销
		●寻找中介
		●寻找承租人
监管功能	合同签订	●线上签约
	备案管理	●申请住房租赁备案
	信用查询	●机构红/黑名单查询
		●经纪人红/黑名单查询
	其他措施	●经纪人管理平台
服务	大数据服务	●住房租赁价格指数
	客户服务	●客服热线咨询
	信用评价	●房源评价 ●经纪公司评价
	其他服务	●线上报修与缴费 ●提取公积金 ●缴纳租金

资料来源：成都、杭州、广州、深圳、南京、郑州、上海等城市住房租赁交易服务平台

第一节　我国住房租赁体系发展面临的挑战

一、面临的挑战

（一）租赁需求仍然以过渡性需求为主

与购房居住相比，我国目前阶段的租房居住仍然呈现一种过渡性需求，租赁关系并不稳定，具体表现在租期较短、租赁登记备案率低、非正规住房需求增加和公共福利难以公平享受等方面。

1. 租期较短，租赁关系不稳定

在对如何鼓励市场化出租人的研究中，在作者之前的课题研究中针对个体出租人发放的问卷调查显示，出租人倾向于和承租人签订短期合同；另外，有 63% 的出租人会在合同到期后上涨房租，30% 的出租人会视情况决定房租上涨的频率，这种短期租赁与随意上涨房租的状况不利于租赁关系的稳定性。个体出租人对于房租上涨的态度呈现随意性，这种现象不利于租赁关系的稳定和租赁市场的健康发展，对承租人的利益会造成极大的伤害。

而同时在针对租户的调查中，"租期短、不稳定，缺乏归属感"这一不满意的情况占到 22.12%，位于"房屋质量差""房租高"和"通勤时间长"之后。

2. 租赁合同登记备案率较低

在租赁合同登记备案执行过程中存在着一些问题：第一，房东不配合。租客进行备案登记的动机主要来自办理居住证的需要，而在租赁交易频次较高的情况下，房东不愿意多次进行备案登记。第二，办理租赁合同登记备案缺乏稳定性。各地乃至各行政单位办理租赁备案需要的材料及税收情况不尽相同，而且同一地区不同时间的要求也有差异，这种情况给租赁合同登记备案的办理带来不便，增加了登记备案实施的难度。第三，租赁合同备案登记的流程非常复杂，不仅要房东出具房产证、身份证的原件和复印件，还需要房东到租赁合同备案登记的地点亲自提交材料。加之政府长期以来也没有采取强制性措施，租赁登记制度远没有得到落实。

3. 承租人权益未得到充分保障

由于我国目前尚未建立完善的租房制度和租客保护条例，房东毁约的随意性较大，契约的执行力不足，租期未满赶走房客、随意涨租金等现象屡见不鲜。房屋租赁市场无法为承租人提供足够的权益保障，导致了承租人往往缺乏安全感和稳定的预期，仅将租房作为一种短期过渡手段，而非解决长期性住房问题的选择。承租住房的住户在公共福利方面与自有住房居民也存在较大的差距，除了落户时有学历、工作、社保等各方面的限制条件，教育、医疗等公共福利也很难公平享受。在房子的所有权与教育等公共服务紧密捆绑的情况下，房子所代表的意义已不是一个简单的住所。依附在房屋所有权上的福利差异过大的问题未能解决，是造成住房租赁市场长期以来难以发展的原因之一。

（二）租赁住房供给存在"三元困境"①

在由非正规住房、市场化租赁住房和保障性租赁住房所组成的住房租赁体系中，存在着一种深层次的困境，即每类租赁住房只能满足安全、可支付性、可获得性这三种价值要素中的两种，而全部三种无法同时得到满足，由此形成了所谓的"三元困境"。

1. 非正规住房能兼顾可支付性与可获得性，但存在较大安全隐患

相比正规住房，非正规住房的土地使用成本更低、设计与建造要求更低、资金投入和开发强度更低、住宅的品质及其所在社区的品质更低，因而收取的租金也更低。相对低廉的居住成本，改善了低收入人群的住房可支付性。同时，作为非正规住房的供给者，无论是"城中村"的村民还是棚户区房屋的出租者，为了在政策预期不稳定的背景下获得尽可能多的收益，不会刻意设定租赁对象的准入标准，因而非正规住房不会排斥某些特定的群体，具有较强的包容性。然而，由于建造品质较低，又聚集大量外来的低收入人口，非正规住房的安全隐患一直是不容忽视的严重问题。在许多城市，非正规住房较为集中的"城中村"都是治安案件和刑事案件的高发地，也是居民安全感较差的区域②。再加上由于建筑规划滞后、消防意识较淡薄以及消防设施不健全等原因，"城中村"也是火灾事故较为频发的区域。

2. 市场化租赁住房能兼顾安全与可获得性，但可支付性较低

市场化租赁住房是在国有土地上建成用于租赁的正规住房，具有明晰的产权所有人，通常由专业的物业管理机构提供专门服务。由于设计、建造和开发以及维护都由专业企业和机构负责，而且从规划、设计、施工到竣工等全过程都要受到政府主管部

---

① 严荣. 住房租赁体系：价值要素与"三元困境"[J]. 华东师范大学学报（哲学社会科学版），2020，52（3）：160-168，184.

② 宫志刚. 平安北京建设发展报告（2018）[M]. 北京：社会科学文献出版社，2018：287.

门的严格监管，因而市场化租赁住房无论是其房屋结构，还是它所在区域的社会治安，相对都具有较高的安全性。作为用于出租的商品房，市场化租赁住房的产权所有人要在竞争中追求合理的租金收益，无法通过设定准入标准而排斥特定群体。即使单个出租人在租赁对象选择上有特定偏好，但由于住房租赁市场是充分竞争的市场，供应主体和供应产品都具有多元性，因而个别出租人的特定偏好不足以形成市场排斥。所以，市场化租赁住房具有较好的可获得性，事实上也成为租赁市场中占比较高的类型。但是，由于市场化租赁住房的土地使用成本、资金投入和开发强度都较高，其租金不仅比非正规住房的租金高不少，而且与居民收入相比也较高。而且，随着许多城市加大力度整治"城中村"等非正规住房，不少外来人口将不得不选择市场化租赁住房。在供应没有相应增加的情况下，需求增加必定会推高租金水平，而这会进一步抬高租金收入比，对居民其他消费支出的"挤出效应"将更加明显。

3. 保障类租赁住房能兼顾安全和可支付性，但由于设定了准入标准，可获得性受到影响

在中国目前的住房保障体系中，保障类租赁住房主要包括公共租赁住房和保障性租赁住房。其中，从 2014 年起，原来的廉租住房和公共租赁住房并轨运行，统称为"公共租赁住房"。作为一种利用公共资源建造以保障基本居住条件的住房，公租房在规划、建设、施工和运营管理等方面都采用了较高的标准，因而能较好地满足安全方面的要求。同时，根据相应政策，其租金"按照低于同地段住房租金水平的原则"确定，因而相比同地段的市场化租赁住房，公租房在可支付性方面具有一定优势。按照规定，公租房面向符合规定条件的城镇中等偏下收入住房困难家庭、新就业无房职工和在城镇稳定就业的外来务工人员供应。由于公共租赁住房的准入有一定条件，因而并非所有人都能享受到此类住房保障的福利。同时，由于各地更加注重保障户籍人口中的中低收入住房困难群体，而对外来人口申请公租房或者禁止，或者有所限制，因而许多外来人口虽然满足收入和住房困难的条件，却无法申请公租房。所以，公共租赁住房可以兼顾可支付性和安全性，但由于在户籍、工作合同、缴纳社会保险金等方面有所限制，一些低收入住房困难群体难以获得此类住房保障，因而在可获得性方面有所欠缺。

（三）企业经营难以持续

1. 经营成本较高，税负重

首先，房屋改造成本较高，并且基本上可以视为沉没成本，往往只能通过多期租金缓慢回收，投资回收期较长，一般按照 5 年进行测算。而租赁业主方对于 5 年的租赁期限很难接受，普遍愿意接受 3 年以内的包租合同，但是 3 年合同难以收回投入成本。其次，从产业链环节来看，房地产市场的前端是规划和土地政策。现有规划对房地产开发商自持从事租赁运营缺乏相应配套，土地招拍挂制度下价高者得的规则，使得开发商从事租赁运营时面临非常高的运营成本，即使有机构介入并从事运营，土

地成本势必要转嫁到租户身上，增加租户的住房支付成本。最后，在现有的税收制度下，住房租赁机构均面临着较高的税负压力。目前机构出租房屋要缴纳的税种有房产税、增值税和企业所得税，其中房产税税率为12%，增值税抵扣后需缴纳5%～6%，整体税率接近17%～18%，如果盈利还需缴纳25%的所得税；开发企业自持用于租赁业务的税率则更高。高昂的税收成本导致企业进入租赁市场的动力不足。

2. 融资渠道少

由于目前房地产市场较高的租售比，导致资产回报率较低，企业投资回报周期较长，通常需10年以上才能逐步回收投资。因此，住房租赁企业需要长期、低成本资金的支持。但是，一方面，目前我国房地产贷款的期限一般只有三到五年，与住房租赁经营企业所需的融资需求不匹配，融资渠道的局限性导致企业进入出租业的意愿不强；另一方面，不同规模的租赁企业融资也有现实困难。对于轻资产模式的住房租赁企业，由于其没有抵押物，银行不会轻易给予贷款，加之部分轻资产企业"爆雷"，更是给轻资产模式企业的融资带来了困难；对于中资产模式（改建）和重资产模式（自持）的住房租赁企业，其项目的收益率较低，更是难以通过金融机构的贷款审批。

3. 合法规范运营待增强

集中式公寓运营企业收储和代理经租的房源大部分是非居住房屋，这类公寓的房源合规性和安全性无法得到保障。由于土地性质和公寓产权性质的限制，租客不能办理租赁合同登记备案，也因此无法办理居住证，租客的权益保障缺失。国务院发文"允许商业用房等按规定改建为租赁住房"，但目前尚无具体的实施意见。此外，由于租赁机构提供集中租房服务的业态出现时间不长，经营过程中物业的使用用途类似住宅，但经营行为又类似商业，和传统的酒店类似，而目前在国家层面可从事长租公寓行业的相关房产物业属性没有明确，多数地区消防验收的前提是规划与报审用途一致，这就导致在长租公寓的消防验收中，没有统一的验收标准，租赁企业普遍面临着改造项目难以通过消防验收的难题。行业标准不清，给租赁企业的合法规范运营增加了不确定性。

4. 房源收储难

零星房源收储往往面临"二房东"的恶意竞争。"二房东"给业主支付的租金一般比市场租金高，也比代理经租机构支付的租金高。许多业主为了尽快把闲置的房屋出租，或为了获取高于市场水平的租金，一般默认"二房东"将大户型房屋尽可能多地分隔出租，甚至将厨房、卫生间改作居住。"二房东"将毛坯住房简单装修分隔为十几间房后，"群租"给租客。目前，"群租"产业化趋势明显，越来越多的"群租"由专门从事转租的"二房东"经营管理，从取得房源、分隔装修、对外招租、运营维护等，形成了一条分工明确的产业链。

（四）市场秩序有待规范

1. 住房租赁中介行业存在违规现象，从业人员专业性有待加强

在房屋租赁行业，中介门店先以低价、精装房屋等信息诱惑租房者，寻找潜在客户，再推荐其他高价房源，或套取租房者个人信息以作推销储备的现象屡见不鲜。当前，在大部分中介公司都采用"互联网＋"模式的背景下，一些公司通过在其房产中介网站发布虚假房源信息来抢夺客户资源。虚假信息不仅给租房者带来困扰，更干扰整个行业健康有序发展。发布虚假房源的公司，使具有真实房源的公司无法有效获取客户资源，具有租赁需求的客户也不可能通过虚假信息平台获得较好的服务，形成恶性的市场竞争局面。另外，中介从业人员有违法违规行为，包括：强制提供代办服务，捆绑收费；对住房租赁当事人隐瞒真实的住房交易信息，低价收进高价租出住房赚取差价；欺瞒租户签订"租金贷"合同，变租为贷；泄露或不当使用客户信息，谋取不正当利益等行为。对于这些现象存在着司法处置难，执行不易等情况。

2. 住房租赁市场发展情况底数不清，基础数据缺乏

租赁市场信息源多而碎片化，缺乏真实反映市场发展情况的基础数据。租赁市场信息包括：价格信息、成交量信息、房屋信息（地址、房东、租客）等。针对这三类信息，不同主体拥有的信息不尽相同，对信息的利用目的也有很大差异，所拥有的信息也存在不同特征。如表 9-1 所示，对于三类信息，不同的主体出于自身的需要，有不同的采集方式和处理方式，也呈现出不同的特征。获取信息成本很高，对于同样一套房屋，中介公司、物业公司、居委会、社区服务中心和派出所都会主动或者被动地获取房屋租赁信息，多主体多次获取信息，势必涉及很多人力物力。另外，信息采集以静态为主，缺乏动态变化。即使是中介公司，对一套房屋的状态，出于搜集信息成本的原因，也很难做到定期更新。其他主体的信息更是以静态为主，对于流动人口较多的片区，动态更新信息难度更大。

租赁市场信息主体及其信息情况分析　　　　表 9-1

主体	信息获取方式	拥有的信息	利用目的	特征
中介公司	主动＋被动	价格信息、成交量信息、房屋信息	获取佣金	信息量大，准确，由于门店网点等原因，信息可能不全面
估价公司	主动	价格信息、成交量信息、房屋信息	大数据系统	信息量大，准确，能形成价格模型
互联网平台	被动	价格信息、成交量信息、房屋信息	平台流量	信息量大，虚假信息多
物业公司	主动	房屋信息	小区物业服务	信息量小，准确，仅限于本小区
居委会	主动	房屋信息	人口、治安、卫生等管理	信息量较小，准确，仅限本片区

续表

主体	信息获取方式	拥有的信息	利用目的	特征
社区服务中心	被动	价格信息、成交量信息、房屋信息	房屋登记备案	信息量大，准确性一般
派出所	主动	房屋信息（主要是人口）	治安管理	信息量大，静态为主

3.监管部门分工不明确，监管体系不够健全

从管理架构的角度看，房屋管理部门是住房租赁市场监管的主体，但是具体管理工作中还涉及人口管理、消防、治安等部门，这些部门职能分工不够明确，监测监管体系也不够健全。以"群租"管理为例，一方面，管理人员采取"打补丁"式的治理模式，经常到现场和群租人员交涉，但往往是这个片区的群租现象刚刚减少，另一片区的群租现象又冒头，使得街道的管理人员疲于奔命，收效甚微；另一方面，由于认定"群租"的方式不明确，将一些正常经营的机构租赁住房也认定为"群租房"加以整治，造成了住房租赁机构的困扰，不利于租赁住房的供应。事实上，"群租"只是租赁市场监管诸多问题的集中表现，问题的实质是相关部门的分工不够明确，人口管理和房屋管理脱节。人口管理方面，无论是长租还是短租，都应该有专门人员负责对租赁人群的情况进行及时登记。人口管理部门应组织一定人员进行这方面的登记核查工作。房屋管理方面，应有专门人员对房屋租赁信息数据进行采集，掌握租赁市场价格，组织实施房屋租赁备案制度。这两个工作可以结合进行，不必进行部门分割。而人口管理和房屋管理部门出于各自的管理需要，分块进行信息采集和管理，不仅管理成本居高不下，实际的监管效果也不理想。

4.金融监管难，缺乏有效措施

住房租赁行业具有投资大、资金回收周期长等特点，因此，企业需要通过融资才能实现正常运营。然而，有一些租赁企业利用融得的大量资金高价收取房源，以达到增大市场份额形成区域性垄断，从而抬高市场租金的目的。另外，目前很多企业与金融机构联合为租客提供"租金贷"，企业利用资金时间差，运用这些资金收取房源或支持运营，有些租客在并不完全清楚和知晓相关风险的情况下就签订了租金贷合同，一旦企业运营不善导致资金链断裂，业主就无法收到企业支付的租金，租客则会被清退，并且受到信用损失。目前的租金监管主要有三种模式——银行监管、行政监管（由区房地产交易中心操作）和第三方监管。但实际运用这三种监管方式的城市并不多。

二、面临挑战产生的原因

（一）法律制度不健全

目前规范住房租赁市场的法规和政策在内容上不够全面，已经难以满足住房租赁市场管理的需要，并且针对机构出租人的政策法规不够到位。

1. 法律法规建设体系有待健全

境外针对住房租赁的立法形式主要以单行法或在民法典中以一节或一章来规范住房租赁。而我国《中华人民共和国合同法》及相关法律并未严格区分住房租赁与其他租赁形式，导致有关规定缺乏针对性。《中华人民共和国城市房地产管理法》等法律法规涉及有关住房租赁相关问题的规定，但仍不适应我国住房租赁实践的发展。新出台的《中华人民共和国民法典》对租赁住房有相关规定但不完善，需进一步对住房租赁法律制度进行完善。

2. 住房租赁市场管理的法律依据不足

当前，我国针对住房租赁市场的部门规章制度法律层级不高，效力不够，各地方的管理办法不一，难以形成行之有效的准绳。特别是体现在地方租赁部门由于没有上位法的支撑，其财权、事权又相对较小，难以凭借一部门之力调动发展长租房的其他政策资源。此外，由于没有明确的上位法，对于住房租赁企业的违规操作，主管部门缺乏相应处罚依据，不能对住房租赁市场的规范发展进行及时监管。

3. 租赁双方及相关利益人的权利与义务界定不清

我国原有住房租赁法规主要是约束租赁双方的经济利益，但对租赁双方的其他相关权利与义务的规定较少，还不能适应实践的需要。比如：①对租赁期间住房维修、安全使用责任、相关费用支出的界定；②保护承租人住房使用权及隐私权的规定；③承租方享受公共服务的权力；④对承租人支付租金、正当使用和妥善保管租赁房屋等义务的规定；⑤对出租人经济利益、房屋客体安全等相关权利的保护；⑥关于维护相邻业主或使用人权益的规定等。

4. 缺乏对承租人权益的保护

在住房租赁中，由于双方当事人在经济实力、市场地位、合同利益等方面具有明显不对等性，在客观上需要法律对承租人的利益给予适度倾斜性保护。比如：①租赁期限问题，最短的合同期限、出租人收回房屋的正当理由等；②租赁价格调整方法；③明确"买卖不破租赁"的规定；④优先承租权；⑤优先购买权。

（二）供需不匹配

1. 房源房型和租赁需求有一定差距

住房目的不同，使用要求上也并不一致：对于自住者而言，住房带有财产性质，对房屋绿化、配套等条件要求相对较高；而对于租房者而言，住房完全是消费品，房屋在满足必要功能前提下尽可能紧凑（一般而言，租金也相应较为便宜）。形式往往服务于功能：自住房屋，一般以两居、三居户型为主；租赁住房，则一居甚至单间宿舍的需求更大。目前租赁市场上占绝大部分由个人房东提供的租赁房源中，多以两居、三居为主，而市场上需求相对较大的一居房型较少，供需存在结构性失衡。

2. 租赁期限的不匹配

据 58 安居客房产研究院发布的《2020 年中国住房租赁市场总结报告》，有 75.7% 的租房人群近五年内有购房计划，另有 8.4% 的人群已在 2020 年内购房。另据《2020 中国青年租住生活蓝皮书》显示，在需求侧，尽管当前年轻人租房时间越来越长，接受租房 5 年以上的占比达到 51%，但是接受租房 10 年以上的占比仅为 18%。与购房居住相比，租房居住常被视为一种过渡性需求，住房租赁呈现阶段性特征。租客租期较短、长租意愿不强，使得租赁关系不稳定，加大了租赁住房有效供给难度。

（三）市场环境欠佳

1. 租赁企业难以进行有效融资

目前，由于投资回报率很低和缺乏制度框架，金融业对住房租赁市场的信贷支持较少，租赁企业融资较为困难。以 REITs 这一融资方式为例，据北大光华管理学院测算，资本化率达到 5% 时，可基本满足境内投资者对于 REITs 产品收益率的要求，然而，一线城市普通商品房资本化率已低至 2% 以下，公寓的租金稍高，资产价格也稍低，但资本化率仍然不能达到要求[①]。

2. 机构出租人的资质与业务范围尚不明确

根据《关于鼓励社会各类机构代理经租社会闲置存量住房试行意见》的规定，"代理经租机构必须具备企业法人主体资格，并取得工商登记注册'房地产经纪'经营范围"。"青客""自如""我爱我家""彩之家"都具有房地产经纪的资质，"魔方公寓"不具备房地产经纪资质，但是具有长租公寓的经营资质。从业务内容上看，这几家机构所做的业务都是转租以及租赁后的资产管理业务。根据《房地产经纪管理办法》（2016）："本办法所称房地产经纪，是指房地产经纪机构和房地产经纪人员为促成房地产交易，向委托人提供房地产居间、代理等服务并收取佣金的行为。"这意味着，在签订租赁合同之后，房地产经纪业务就结束了，后续的资产管理服务并不属于房地产经纪业务的范围。代理经租机构的资质与业务范围必须明确。

3. 租赁企业税收负担较重

现有的税收制度使得租赁型住房开发经营业务面临较高的税率。根据相关要求，房地产开发企业自持部分的房地产可以在其项目公司进行核算，有三种处理方式。第一，将这部分房地产用于租赁业务，会计核算时作为"投资性房地产"，此类业务的收入，将按照 11% 的税率征收增值税、按照 12% 的税率征收房地产税、按照 25% 的税率征收企业所得税。先不论企业所得税，光前两项税收就增加了 23% 的税收成本。第二，将这部分房地产列入固定资产，虽然可以计提折旧，但是业务范围仅限于自持并自用，这与用于规划的要求不符。第三，将这部分房地产列入库存，这与规划的要求也是矛

---

① 《中国租赁住房 REITs 市场发展研究》北京大学光华管理学院"光华思想力"新金融研究系列报告之三。

盾的,因为库存的目的是用于销售,然而这部分自持的房地产是不能用于销售的。因此,第一种处理方式是唯一可行的会计处理方式,但是租赁运营的税收负担非常之重。

4. 中介机构从业人员存在违法违规现象,司法处置难

中介机构是发展住房租赁市场不可或缺的重要力量,然而一些房地产经纪人等从业人员存在着违法违规的现象。例如强制提供代办服务,捆绑收费;对住房租赁当事人隐瞒真实的住房交易信息,低价收进高价租出住房赚取差价;欺瞒租户签订"租金贷"合同,变租为贷;泄露或不当使用客户信息,谋取不正当利益等行为。对于这些现象存在着司法处置难,执行不易等情况。

5. 缺乏相对权威的租金价格指数

目前一些社会机构和经纪机构已经开始发布租赁价格指数,但是,已发布的指数存在方法不科学、数据不全面、更新不及时、社会影响力不足等问题,不能够对租赁市场的健康发展提供科学的支撑。没有基础数据,会导致住房租赁行业无法对市场有较为准确的把握,增加不确定性,影响行业发展的积极性。

(四)监管机制有待完善

1. 租赁住房公开登记少,市场监管难度大

在个人出租模式中,存在房东随意涨价、驱赶租客、租客隐私等屡遭侵犯以及"二房东""黑中介"等现象;在包租模式中,大量中小型机构的涌入使得租赁机构之间的管理和服务水平参差不齐,存在租金贷、骗取装修款、租金和押金收付不规范等经营风险,过度金融化更是使得爆仓新闻层出不穷[①]。虽然登记备案制度存在已久,但是由于担心征收房产税等因素,本市个人房东租赁登记备案率较低,一些非正规住房也不在租赁平台登记,此类房屋不仅可能存在安全方面的隐患,而且在发生违约和纠纷时,租户可能面临无处申诉的困境,利用法律途径维权时将面对高昂的诉讼费用。

2. 租赁机构亟须规范

租赁机构的操作规范问题主要包括部分机构存在房源信息失真、收费不合理、对出租房屋私自隔断、以不当手段牟利等现象。以长租公寓机构为例,这一模式本应在规范化管理和标准化服务方面有更明显的优势,但由于市场扩张过快,企业在房屋质量、配套设施和服务等方面尚未形成规范的标准,房屋装修质量得不到保证,部分企业为了尽快获利,将刚装修完的房屋投入市场,引发了"甲醛房事件"[②]。由于缺乏明确的服务标准,对于交易双方的合法权益保护并没有相应的细则与条款,导致对其评价和监管都很困难。

---

① 易成栋,陈敬安,黄卉,等.我国大城市长租房市场规范发展面临的困境和政策选择[J].经济研究参考,2021(24).

② 张东,马学诚.中国住房租赁市场:现状、发展路径和影响因素[M].北京:中国财政经济出版社,2021.

第二节 我国住房租赁体系发展面临的形势

一、住房租赁市场发展需关注的重点问题

（一）租赁住房和发展战略的关系

2020 年中央经济工作会议中提出要"解决好大城市住房突出问题"，并专门提到对租赁住房建设、租赁住房用地供应和租赁市场环境的优化路径。租赁住房问题得到如此重视，一方面体现了国家对民生问题的关注，是"人民城市人民建"理念的落实，另一方面也是当前构建以国内大循环为主体、国内国际双循环相互促进新发展格局的需要。

1. 住房租赁要顺应民生发展的需要

近年来，全国各地特别是大城市的房价不断上涨，新市民和青年人的购房压力不断增加。在此背景下，住房租赁成为城市重要的居住方式。吉姆·凯梅尼（2010）指出，对于希望逐渐建立起有存活力、稳定和全面的福利国家来说，租赁体系必然是一个主要政策目标[①]。"居者有其屋"如果实现不了，还不会造成根本性的社会问题，如果租房都租不到或者租不起，那势必会拖慢城市化发展的脚步，进而影响城市的活力乃至整个国家的发展。因此，住房租赁是民生发展的需要，"租得到，租得好，租得稳，租得近"才能实现租赁人群的安居要求，也是住房租赁的发展趋势之一。

2. 住房租赁是促进内循环发展的重要组成部分

住房租赁本身是内需，是内循环的一部分。在中共中央关于"十四五"规划和2035 远景目标的建议中，已经提到"促进住房消费健康发展"。住房租赁会带动一系列的住房消费，包括对住家条件改善、家具装修换代、居住品质提升、物业管理提高、社区周边配套资源增加的消费。满足这些消费，既能满足人民对美好生活不断增长的需要，提升人民的获得感和幸福感，增强社会凝聚力，也直接带动一大批产业的发展。另外，稳定的租赁关系和合适的租金水平，会促进以新市民和青年群体为主的租房者安居乐业，而不是被房贷所困，从而促进消费，拉动国内经济大循环。

（二）租赁住房与深化住房制度改革的关系

培育和发展住房租赁市场是深化住房制度改革的重要内容。改革开放 40 年来，住房租赁制度遵循了"渐进式"改革的原则，先后经历了公房租赁制度改革探索、住房租赁市场机制初步确立、住房租赁市场二元格局形成和建立租购并举的住房制度四个发展阶段，并取得了一定的成就。但本应作为住房供应制度重要组成部分的住房租赁制度长期没有得到应有的重视，相关政策改革缓慢而滞后，住房租赁市场成为我国住

① 吉姆·凯梅尼. 从公共住房到社会市场：赁住房政策的比较研究 [M]. 北京：中国建筑工业出版社，2010：146.

房供应体系的薄弱环节，未能发挥其满足多层次居住需求、形成住房市场梯级供给与梯级消费、稳定市场预期和房价以及促进房地产市场结构平衡和优化等基本功能。与发达国家成熟的住房租赁市场相比，当前中国住房租赁市场整体仍处于起步阶段。可以从以下几个方面加以完善：一是培育市场供应主体。发展住房租赁企业，鼓励房地产开发企业开展住房租赁业务，规范住房租赁中介机构，支持个人依法出租自有住房。二是鼓励住房租赁消费。完善住房租赁支持政策，保障承租人依法享受公共服务；落实提取住房公积金支付房租政策；明确出租人和承租人各方权利义务。三是完善公共租赁住房。推进公租房货币化，提高公租房运营保障能力。四是支持租赁住房建设。鼓励新建租赁住房，允许将商业用房等按规定改建为租赁住房，允许将现有住房按安全、舒适、便利等要求改造后按间出租。五是加大政策支持力度。对住房租赁企业、机构和个人，给予税收优惠政策支持；鼓励金融机构加大支持，稳步推进不动产投资信托基金试点；完善供地方式，增加租赁住房用地供应。六是加强住房租赁监管。健全法规制度，完善监管体制，规范租赁市场[1]。

（三）租赁住房与房地产市场发展的关系

人口发展新形势对住房租赁提出新的要求。"六普"以后，我国人口停止大规模增长，但发展机遇多、基础设施好、公共资源丰富的大城市的人口增长速度仍然较快。此外，人口跨城迁徙带来人与住房关系重构，第七次人口普查数据显示，2020 年我国人户分离人口为 4.93 亿，与 2010 年相比增长 88.52%。其中，省内流动人口为 1.17 亿人，跨省流动人口为 3.76 亿人，与 2010 年相比分别增长 192.66% 和 69.73%。年轻人面对以房价为代表的生活成本以及社会财富分化加大的现实，不婚不育的倾向明显增加[2]。这反映出，"以购为主"的住房制度难以适应新的人口形势，日益高企的房价可能会加剧人口的问题。因此，发展住房租赁市场是解决人户分离的流动人口和无力承担房价的青年人的最重要途径，而这些人正是城市活力之所在。

二、住房租赁市场的制度体系建设

（一）租赁市场与买卖市场的关系

当前住房租赁是一种过渡性的居住方式，中国城市居民的住房需求还是主要集中于买房。未来"自由"的住房市场应该满足租买自由、居民拥有租买选择权的要求。租赁市场与买卖市场的关系反映在居住者层面应该是多样化的，居民可以选择的形式有：先租后买，一直租，先买后租，又买又租等，而且任何一种形式都有充分的市场供应，而且不会有较高的交易成本，并且不会对居住权利、子女教育、社会保障等造

---

① 住房和城乡建设部副部长陆克华介绍"加快培育和发展住房租赁市场的有关情况"答记者问 http://www.gov.cn/xinwen/2016-05/06/content_5070871.htm.

② 贝壳研究院《人口新形势下的住房租赁需求》2020 年 5 月。

成实质性影响。

（二）保障与市场的关系

Rose（1986）建立的福利多元组合理论认为，社会福利应来源于家庭、市场和国家三个部门。家庭、市场和国家中的任何一方对于其他两方都有所贡献，不可或缺。从福利三角的互动关系来看，住房政策作为一种社会政策，其制定不能只考虑国家部门或者只考虑市场。过分强调国家为主的社会政策或者过分强调市场的作用，都是不妥当的。因此，要坚持以市场化为主的方向，针对新市民群体中的中低收入群体，加大保障性租赁住房供应，政府要承担起基本保障责任；对新市民中的中高收入群体，则要以市场化租赁为主，维护租客合法权益。

（三）实物配租与货币补贴的关系

实物配租有利于解决租赁房源供应不足的问题，但受限于房源数量、区位等因素，难以做到"应保尽保"。实物配租会限制人们的选择范围，减弱了租赁住房的适应弹性，加上受制于住宅的空间固定性，难以与人们的工作、生活条件变动相适应，即当人们的工作地发生变化时，就需要换租。这样，在实物配租情况下改变住房区位变得异常困难。因此，运用实物配租作为租赁住房的供应手段适应弹性很弱，不利于从根本上改善人们的居住条件。

相对于实物配租，货币补贴则具有较强的高效率特征，即政府可以直接向满足特定标准的受保障群体发放现金补贴，让受保障群体自行选择，让他们根据自己的工作、收入、生活、家庭等各种条件选择居住类型和区位。但货币补贴，有推高市场租金的潜在风险，并且有较高的认定成本。同时，人们得到现金补贴以后可能会把资金用于其他消费领域，比如吃饭、抽烟、喝酒等。

因此，这两种方式各有利弊，建议在租赁房源供不应求的区域进行实物配租，在租赁房源较为充足，但租金水平较高的区域进行货币补贴。

（四）政策法规体系构建

随着《民法典》在十三届全国人大三次会议上表决通过，我国住房租赁合同法律制度日臻完善。《中华人民共和国民法典》充分落实党中央提出的建立租购同权住房制度的要求，充分吸收《中华人民共和国合同法》租赁合同有关规定，并从保护承租人利益的角度出发，增加了承租人"优先承租权"的规定。但是，我国住房租赁管理方面的法律制度仍存完善空间。

1.完善法律规范，促进住房租赁合同登记备案

住房租赁登记备案是加强城市社会综合管理的一项基础性抓手，加强对住房租赁登记备案管理，不仅能够规范住房租赁市场秩序，促进住房租赁市场发展，而且对保护公民合法权益，创建良好社会治安环境都具有十分重要的意义。应明确住房租赁登记后可享受的权利，如对稳定合法居住和就业的承租家庭给予应有的教育、医疗卫生

等方面的公共服务享受权。规范对住房租赁关系或转租行为进行登记的内容，如所有权人情况、租金数额、租金支付时间、是否可以转租、押金和相关服务等。另外，应进一步明确住房租赁平台的法律地位和功能定位，加强信息平台建设，充分发挥平台的交易服务、行业监管和市场监测作用。

2. 侧重租金监测，加强押金监管

租金监管是一把双刃剑，一方面能够防止房东恶意涨租，保护承租方利益，另一方面可能会打击住房出租人的积极性，导致租赁住房供给不足。很多国家特别是大陆法系的国家对租金有着较为严格的管控，如对租金涨幅加以管控，设定最高租金，规定涨租条件等，但我国住房租赁市场尚处于发展的初级阶段，过分管控租金会影响住房租赁市场供给，不利于住房租赁市场的持续健康发展。因此，在租金监管方面，建议加强住房租赁市场监测，着重对押金的监管，可在现有存量房交易资金监管账户下开设住房租赁押金监管子账户，分账核算专款专用，避免随意克扣押金的行为，维护租赁双方的合法权益。

3. 设定居住标准，提高住房租赁居住品质

在住房存量时代，特别在大中型城市，租房居住已成为生活常态，为了提高承租人的居住品质，满足居民特别是新市民的居住需求，应规范租赁住房居住标准。通过新建、配建、收储转租等方式筹集的房源，应当符合消防安全、装饰装修以及房型设计等相关标准，确保承租人的居住安全。具体而言，企业应制定和完善地震、火灾、公共卫生、治安事件、设施设备突发故障等各项突发事件应急预案，室内装修材料符合环保要求，租赁住房的设计应符合单间租住人数和人均居住面积标准。

4. 建立稳定的租期制度

我国法律中对于出租人终止租赁合同没有严格限制，加之我国住房租赁市场的供应主体仍个人为主，出租人出于提高房租的目的，一般会签订短期合同，租期通常为1年左右，致使承租人无法获得长期稳定的居住环境。为保障承租人的居住权益，同时进一步促进租赁市场的发展和稳定，建议在法律中对租赁合同最短租期予以规定，并对出租人单方面终止合同的行为进行限制，建立稳定的租期制度。

5. 加强住房租赁机构监管

随着我国住房租赁市场的快速发展，住房租赁机构作为租赁住房重要的供应主体，规模日益扩大。与此同时，针对住房租赁机构的监管制度还不健全，缺乏有效的监管手段，不利于住房租赁市场的规范和健康发展。因此，建议首先在法律中对住房租赁机构的定义以及准入条件予以明确，同时明确监管主体及其职责，并加大对违法违规行为的处罚力度。进一步发挥和完善住房租赁信息服务平台的监管功能，将住房租赁企业纳入其中，提高监管效率。针对住房租赁企业以及从业人员的租赁行为实行动态信用评价，并分类监管。全面建立相关经营主体的信用档案，实行"红名单""黑名单"

分类管理和公示制度，建立多部门守信联合激励和失信联合惩戒机制。加强各方合作，形成行政管理、行业自律管理、企业管理、社会监督"四位一体"的监管体系，合力推动租赁行业的健康发展。

6.完善房地产中介市场监管

房地产中介市场是房地产市场的重要组成部分，在促进房地产市场健康稳定发展中发挥着不可替代的作用。中介机构从业人员素质的高低则是决定中介机构服务水平和规范化程度的重要因素。许多发达国家和地区针对住房租赁中介机构与中介从业人员制定了严格的市场准入制度。目前，我国房地产中介市场还存在较多的乱象，从业人员的专业化水平较低，行业监管力度不够。因此，建议在日常监管方面建立部门联动的监管机制，对房地产市场存在的违法违规行为及时发现、查处和制止，并建立全市统一的房地产经纪监管服务平台。加快行业自律组织建设，通过建立诚信档案和行业禁入制度，对中介从业人员进行约束；在法律中明确对经营活动中不当行为的惩罚措施。同时，借鉴房地产中介市场较为成熟的国家和地区的经验，要求房地产中介从业人员必须经过严格的职业培训，并由政府主管部门审核考试通过后，实行全员持证上岗。

三、住房租赁市场的发展机制

（一）重点关注两类人群的租赁需求

1.关注新就业青年职工"一间房"的租赁住房需求

应当关注新就业青年职工个性化消费与支付能力有限的租赁需求特征。新就业青年职工的消费理念正在发生变化，更注重个人体验，有强烈社交需求，并习惯和热衷于采用互联网解决问题。同时，由于该类群体刚进入职场，收入也处于起步阶段，初期支付能力有限，但后期发展空间较大。房租支出较大，将会挤出新就业青年的合理消费，不利于吸引人才。可通过提供区位便利、配套设施齐全的"一间房"形式租赁产品，降低房租收入比，缓解新就业青年的通勤压力。

2.关注城市公共服务人员"一张床"的租赁住房需求

城市正常运行以及相关产业的发展需要大量公共服务人员和成长型人才。在此次疫情防控期间，该部分群体在维持城市正常运转过程中发挥了重要作用。当前，在非转租项目中，传统宿舍类型的项目较少，但此类项目的市场需求很大，主要集中在餐饮酒店、物流运输、教育培训等服务型行业，供蓝领工人以及城市公共服务人员使用。因此，可通过新建集体宿舍、蓝领公寓、利用集体建设用地建设公租房和租赁住房、完善租金补贴等形式解决其安居问题，推动经济持续健康发展。

（二）发展重点区域的租赁住房供应

1.多渠道筹措房源，满足重点发展区域的租赁住房需求在重点发展区域（如长三角一体化区域、大湾区等）建设过程中，加快培育和发展住房租赁市场，多渠道筹措租赁房源，根据租赁住房供需情况、房型、区位等，及时优化调整供应结构，提高住房租赁供应与需求的适配性。在区域租赁住房的建设过程中，通过增加租赁住房用地，设立人才住房专项资金，各地政府、用人单位结合区域和单位实际，制定差异化租金补贴标准和补贴期限，明确补贴发放形式，落实用人单位主体责任，提高人才住房支付能力。

2.统筹区域内建设和供应，有序推进园区租赁住房建设

在产业园区等人才租赁需求集中区域周边，增加租赁住房用地供应。通过鼓励产业园区、大型国有企业等单位利用自有土地建设公共租赁房，协助有条件且有需求的园区及企业对接专业化建设企业和运营管理企业，统筹公租房和市场化租赁房的建设和供应情况。

3.盘活存量租赁住房，增加中心城区租赁住房的供应密度

在中心城区以及交通枢纽地区（含轨交站点周边）等交通便捷、生产生活便利、租赁住房需求集中区域，加快开工建设，有序推进租赁住房建设，尽早形成供应，提供"一间房""一张床"的住房租赁产品，满足两类人群的住房租赁需求。

（三）加强租赁住房供后管理

完善住房租赁管理机制，建立健全法律法规，加强租赁住房的供后管理。随着租赁市场的快速发展，市场呈现出多种模式共存的状况，为满足人们多样化的需求提供了条件，因此要坚持分类原则，对于不同类型的出租模式要有所侧重，增强针对性。不断优化对市场参与主体、客体以及租赁关系的管理机制，推动市场的健康发展。住房租赁市场的健康发展，一方面要充分发挥市场在资源配置中的决定性作用，通过政策的鼓励和扶持，促进规范化、规模化企业的发展，为市场提供多元化的租赁产品，满足人民日益增长的美好生活需要；另一方面，在住房租赁市场大规模发展的初期阶段，市场失灵的现象将难以避免，因此需要政府的积极作为，制定符合租赁市场发展规律的政策，促进市场的健康发展，让全体人民住有所居。此外，租赁市场的健康发展不仅需要行政管理部门积极发挥相关作用，而且要充分发挥行业协会在行业自律方面的作用。

（四）加强租赁市场的监管监测

1.加大住房租赁市场的监管力度

依托住房租赁平台，建立住房租赁市场主体强制入网认证制度：将从事住房租赁业务的各类市场化机构及人员（包括房地产开发企业、经纪机构、住房租赁企业、提供住房租赁服务的平台型企业等）的信息全部纳入租赁平台数据库管理，并实现日常动态管理、实时更新和信息公示；建立租赁住房基础数据库，根据租赁住房的不同类型，采取不同方式获取基础数据——新建、改建和转化的集中式租赁住房通过试点制订业

务规范，完成数据采集；存量代理经租或个人出租的分散式租赁房源，由市场化主体按照一定的数据标准，上传进库；研究推行代理经租企业保证金制度、履约保险制度，研究对租赁保证金（押金）实施监管；充分发挥行业组织的作用，研究建立代理经租行业信用档案，加强诚信教育和业务培训，加大失信联合惩戒力度；落实各区属地管理责任，建立健全市、区、街镇、居村委四级住房租赁管理体制；及时修订国家租赁相关管理办法，进一步加大对住房租赁市场、代理经租行业的监管力度；完善住房租赁合同登记备案制度，提高合同备案率；针对行业标准缺失，租住产品的合规性、安全性等问题，加强行业标准制定和执行，保障承租人身心健康，增强行业公信力。

2. 建立租赁住房监测体系

依托住房租赁公共服务平台及相关基础数据库，归集住房租赁市场数据，对住房租赁市场的总量、结构、租金开展动态监测分析；选定交易活跃的板块和小区，建立分散式租赁住房数据监测点，定期采集包括租金等租赁信息，形成定点监测机制，作为住房租赁监测体系的重要补充。根据监测内容，编制监测报告，定期发布，用于指导全市住房租赁市场的发展和规范。

第十章
我国住房租赁体系的发展重点

第一节 总体思路、原则与目标

一、建设我国住房租赁体系的总体思路与原则

（一）坚持房住不炒和租购并举

坚持"房子是用来住的，不是用来炒的"定位，加快建立多主体供给、多渠道保障、租购并举的住房制度，满足居民多层次居住需求，推动房地产市场健康发展，让全体人民住有所居。租赁作为一种正常居住方式，特别是在住房租赁市场发展的初期，应予以政策侧重。

（二）与社会发展阶段相适应

随着中国特色社会主义进入新时代，我国社会主要矛盾已经转化为人民日益增长的美好生活需要和不平衡不充分的发展之间的矛盾。推动住房租赁市场高质量发展，既是经济社会发展的需要，也是实现人民群众美好生活的需要。坚持住房租赁市场发展与社会发展阶段和群众居住需求相适应，加快破解不平衡、不充分的租赁住房供给结构，满足人民群众对高品质生活的新期待，提升人民群众的居住生活幸福感、获得感和安全感。

（三）落实城市主体责任

夯实城市主体责任，加强对租赁市场的指导和监管，落实好一城一策、因城施策，基于不同城市房地产市场的差异性和多元性，充分考虑当地住房租赁市场发展阶段和市场状况，出台差异化的政策。租赁市场稳定型城市应重点关注租赁住房的品质提升，租赁市场快速发展型城市应重点关注租赁供需结构的匹配度，租赁市场潜力型城市应在租赁需求比较高的区域供应租赁住房，租赁市场起步型城市应以解决过渡性住房需求为目标发展住房租赁市场。

（四）坚持可持续经营原则

坚持以可持续经营为原则开展各类住房租赁经营活动，提高经营管理水平，提升运营效率，降低开发运营成本，加快形成成熟稳健的盈利模式及风险防范机制，增强企业抗风险能力，维持稳定的现金流，保证企业的可持续发展和市场的稳定。应通过盘活存量和适度新建，鼓励各类主体参与租赁住房供应，创新企业融资方式，优化对住房租赁机构的监管，在提高行业水平等方面探索住房租赁可持续运用模式。

（五）维护市场平稳有序

加大住房租赁市场监管力度，积极维护市场秩序，规范住房租赁市场主体经营行为，保障租赁各方尤其是承租人的合法权益，不断优化住房租赁市场环境，稳定租赁关系和租赁周期，维持相对合理的租金涨幅，促进住房租赁市场健康有序地平稳发展。应加强租金监测、注重合同管理、加快标准制定、加强财税支持，为住房租赁市场的发展创造优良的市场环境。

二、住房租赁体系的目标 [①]

（一）以人为本

应转变过去管控和防范型的住房租赁市场管理思想，树立以人为本的服务理念，着眼于改善民生，以"住有所居"为建设目标，全面改革各项租赁市场管理和服务制度。以人为本应包括承租人可体面、便利租住房屋的"本"和出租人收益稳定、规范供给出租房的"本"。因此，应通过逐步建立健全合格出租人制度、合格出租房制度和承租人权益保护制度等来构建"以人为本"的服务型管理制度。

（二）提高租赁房的宜居性

一个能平衡住房保有权的租赁住房体制必须使租赁房和自有房的实物、权益之间的差异不能过分悬殊。德国正是依靠其对受资助的租赁房在建设过程中实施严格的质量管理保证了自有房和租赁房几乎相同的建筑质量，从而吸引了大量的城市居民选择租房居住。租赁房的宜居性除了建筑物的质量可靠、适宜居住外，还需不断提高其室内、室外的各项配套水平使其与当代城市居民的现代化需求相适应。如英国体面住房标准不仅包括遮风避雨，还包括：①积极友善、安全和谐的邻里关系；②有效、可信、可靠的社区管理；③对气候影响最小，生物多样性保持尽可能完好的生态环境；④设计精美、质量上乘的建筑；⑤交通、购物、通信等配套完好的服务；⑥能够为居民提供基本工作条件的可持续发展的地区经济；⑦包括教育在内的公共和私人服务体系；⑧对个体的权益尊重的人文环境。

---

① 邹晓燕．中国城市住房租赁体制研究 [M]．北京：经济管理出版社，2016：163-165.

（三）增强租赁房的可获得性

要使住房租赁市场体系真正发挥上文提及的促进进城务工人员进城安居，确保流动性人口灵活性住房搬迁要求，必须提高租赁房的可获得性。这种可获得性需体现在：①租赁房的获取渠道便捷、成本低；②保障性租赁住房的获取除了法定的收入资格标准外，无其他歧视；③租赁住房供给的层次性、类别等结构合理。即市场中各层次、各类别的租赁房源供给应与租赁住房需求相匹配，要做到这点必须对租赁市场的需求进行详尽的调研。

（四）提高低收入人群租房居住可支付性

鉴于我国未来 20 年快速城市化进程决定的人口高流动性、农民市民化的大规模性，城市住房供应体系健全的重要内容便是保证租房消费对大量低收入人口和流动人口的可支付性，以保证市场中有充足的低租金租赁房供给给低收入、中等偏卜收入和各类夹心层人群。

（五）租赁住房供应主体的多元化

住房政策作为一种社会政策，其制定不能只考虑国家部门或只考虑市场。国家不可能是国民福利获取的全部提供者，国家、市场和家庭都是国民获得福利的部分提供者。过分强调国家为主的社会政策或过分强调市场的作用，都是不妥当的。许多发达国家在住房福利供给中都非常重视发挥非政府组织在城市管理中的作用。非政府组织的民间性、中立性，有利于帮助政府解决民间政府不能解决的许多矛盾和问题。城市租赁住房体制构建应遵循供应主体多元化的准则，整合不同租赁房源的供给，扩大房源供给的类别和数量，以避免福利依赖或福利缺失两种不良现象的出现。

第二节　以长租房为发展重点

我国当前和未来一段时间所处的发展阶段和基本国情，决定了我国在未来更长时期内住房租赁市场必须提供价格稳定合理的、以小户型为主的、生活便利的租赁房产品，以满足大量住房支付能力低的城市中低收入家庭、从农村涌入城市的外来人口、阶段性支付能力偏低的新就业年轻人等人群的居住需求。这要求我国发展住房租赁市场必须旨在促进竞争从而稳定租金水平、建立提供多样化租赁住房产品的住房租赁体制，构建能稳定整体租金水平、竞争性的多种类住房租赁供应体系。我国的住房租赁体系应该在长租房建设上长足发展，并包括市场化租赁住房和保障性租赁住房两大类，如图 10-1 所示。

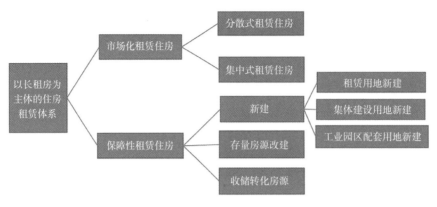

图 10-1　住房租赁体系基本框架

一、推动长租房发展的背景

随着工业化和城市化的推进，以租赁方式获得住房逐渐成为城市居民重要的住房消费选择之一。根据第七次全国人口普查数据，我国的城镇化率已从 2000 年的 36.22% 增长至 2020 年的 63.89%；截至 2020 年底，我国流动人口达到 3.76 亿人，而这个数在 2000 年仅为 1.2 亿，以年均 10% 的速度增加。城镇化率提高和流动人口的增加，为当地城市发展提供了生产力和消费力，也增加了城市的租赁需求。与此同时，我国城镇居民的晚婚晚育现象也在进一步加剧。根据《中国人口普查年鉴 2020》，2020 年，中国人平均初婚年龄涨到了 28.67 岁，10 年间，平均初婚年龄推后了近 4 岁。一直以来，结婚及生育是首次置业的重要推动因素，而晚婚晚育则会导致首次置业年龄推迟，住房租赁需求期延长。

但是，我国的住房租赁市场受经济发展、制度、政策以及观念等原因影响，相比住房买卖市场，发展总体比较滞后。2015 年以来，国家和地方层面高度重视培育和发展住房租赁市场，出台了一系列政策支持其发展。而长租房作为住房租赁市场的重要组成部分，也越来越受到政府和各界的关注和重视，它将成为解决大城市新市民、青年人居住问题的重要抓手。2020 年《中共中央关于制定国民经济和社会发展第十四个五年规划和二〇三五年远景目标的建议》中重点提出"坚持租购并举""完善长租房政策，扩大保障性租赁住房供给"等内容。2021 年中央经济工作会议提出，要加快发展长租房市场，推进保障性住房建设。近年来，我国也积极推动住房租赁市场相关的工作，为进一步促进住房租赁市场的发展进行了有益的探索和实践，相关会议或文件表述如表 10-1 所示。

近几年国家层面关于长租房发展的相关表述 表 10-1

时间	会议或文件	相关内容
2020 年 12 月	中央经济工作会议	解决好大城市住房突出问题，要高度重视保障性租赁住房建设，加快完善长租房政策，逐步使租购住房在享受公共服务上具有同等权利，规范发展长租房市场

续表

时间	会议或文件	相关内容
2021 年 3 月	国务院政府工作报告	切实增加保障性租赁住房和共有产权住房供给,规范发展长租房市场,尽最大努力帮助新市民、青年人等缓解住房困难
2022 年 3 月	国务院政府工作报告	坚持租购并举,加快发展长租房市场,推进保障性住房建设
2022 年 12 月	《扩大内需战略规划纲要(2022-2035 年)》	探索新的发展模式,加快建立多主体供给、多渠道保障、租购并举的住房制度。以人口净流入的大城市为重点,扩大保障性租赁住房供给,因地制宜发展共有产权住房,完善长租房政策,逐步使租购住房在享受公共服务上具有同等权利
2022 年 12 月	中央经济工作会议	要因城施策,支持刚性和改善性住房需求,解决好新市民、青年人等住房问题,探索长租房市场建设,要坚持房子是用来住的、不是用来炒的定位,推动房地产业向新发展模式平稳过渡

二、推动长租房发展的目的与意义

推动长租房发展是推进以人为核心的新型城镇化战略的重要内容之一。新市民作为重要的推动力量在新型城镇化过程中发挥着举足轻重的作用,而稳定的租赁关系是新市民融入城市的重要基石。大城市发展长租房市场,是解决大城市住房突出问题、促进房地产市场健康发展的关键;也有利于促进职住平衡,改善人民群众生活品质。

推动长租房发展是当前促进内循环的重要抓手。发展长租房市场有利于分流购房需求,促使房价逐步回归合理区间,减轻房价对消费的挤出效应,也是构建租购并举住房消费格局的重要抓手。此外,长租房的土地成交价格对区域房价的未来预期和走势有一定的引导作用,有助于抑制房地产泡沫,促进房地产市场平稳健康发展。

推动长租房发展是实现高品质生活的重要渠道之一。随着租赁群体结构及住房消费理念的变化,租客对租住品质提出了更高的要求。因此,建立以长租房为引领的多样化住房租赁供给体系,打造高质量租住生活形态,有助于解决租赁房源质量与租住品质要求之间不匹配的问题,让租赁群体不仅"住有所居",更能满足其对美好生活不断增长的需要。

推动长租房发展,形成较为稳定的供需关系,是进一步依法治理和规范租赁市场的基础。只有房东和租客双方形成较为稳定的长期租赁关系,才可能以法律化途径保障双方的合法权益,并在未来进一步推动"租购同权"等政策的出台。从社会治理角度看,长期租赁关系的形成有益于保障和维护社会秩序,避免恶性问题的发生。此外,以专业化机构运营的长租房更便于政府管理和监督,其规范经营也会给个体出租人以示范作用,带动整体市场的规范化。

推动长租房发展一方面有利于在需求端实现"租得到、租得近、租得起、租得稳、租得好"的目标。通过多措并举筹集房源、科学规划空间布局、控制租金、稳定租期、提升品质等举措，助力"五个租"目标的实现。另一方面，有利于补齐租赁市场中供给侧的短板，提高供给端长期运营的意愿，促进供给端的专业化运营。

<h2 style="text-align:center">第三节　推动长租房体系发展的政策建议</h2>

一、明确长租房的概念和定位

"长租房"是近几年中央在住房政策领域新提出的用语，并无明确定义。业内和学者对长租房的定义及范围提出了不同的见解和看法，但主流学者的观点较为一致。如常鹏翱认为，宜把长租房界定为内含市场机制的专用租赁住房，包括市场性租赁住房和保障性租赁住房，但不包括轻资产租赁机构运营的租赁住房[1]。《上海房地》评论员提出，"长租房"是指长期用于租赁的房屋。这些房屋存在于住房保障和住房市场两大体系之中，前者主要包括公共租赁住房、保障性租赁住房，后者则包括多种形式的市场化租赁住房[2]。赵鑫明将长租房定义为可长期出租、可长期用于居住的房屋。无论是保障渠道提供的、还是市场化方式供给的，只要符合可长期出租、可长期用于居住的特征，都应属于长租房的范畴[3]。本书从三个方面对长租房进行定义：从内涵上来讲，长租房不仅应包括属于住房保障体系的保障性租赁住房，也应包括属于住房市场体系的市场化租赁住房，从住房供给制度保障和市场两方面进行供应；从形式上来看，长租房大致可分为集中式和分散式两种，即主要以租赁企业集中供应的集中式长租房和市场分散主体提供的分散式租赁住房；从供应主体来看，既包括由专业机构持有或运营的租赁住房，也包括居民提供的分散式租赁住房。

我国的住房租赁体系应以完善长租房政策体系、推动长租房发展来构建，从加快建立多主体供给、多渠道保障、租购并举住房制度的战略高度上，明确长租房的主体地位与发展定位。长租房的发展应在经营服务的规范性、租赁关系的稳定性、租金定价的合理性、市场运行的有序性等方面形成标杆，能引领住房租赁行业的技术创新和进步[4]。

二、加快完善长租房政策体系和顶层设计

从国家层面明确长租房的顶层设计和基本制度框架，明确市场化专业机构参与长租房建设和运营的体制机制。严格落实中央经济工作会议提出的有关要求，明确土地、

① 常鹏翱．走向住房租赁新市场的长租房及其司法保障 [J]．学海，2022（4）．
② 本刊评论员．加快健全长租房政策体系 [J]．上海房地，2021（12）．
③ 赵鑫明．加快发展长租房市场需注意处理好四个关系 [EB/OL]．https://mp.weixin.qq.com/s/owDqq87kQ_t0f4IavA6FGw．
④ 本刊评论员．长租房是住房租赁体系的"定盘星"[J]．上海房地，2022（5）．

金融、财税等支持政策，使长租房的建设、运营管理和政府监管手段都有法可依。加快出台住房租赁相关法律法规，通过立法来明确各市场参与主体的责权利关系，为租赁住房的建设、准入使用、经营和退出提供法律依据。同时，借鉴国外经验，在法律上给予长租房，尤其是非居改建等租赁住房合法地位，为住房租赁市场的长远健康发展提供条例性、规范性依据和法规保障。

推进构建保租房和市场化长租房共同发展的格局。一是通过对市场化长租房和保障性租赁住房实行差别化的政策和监管手段，使其发挥各自的不同作用。具体来看，发展保障性租赁住房应通过市场机制及行政规制的方式，一方面遵循市场供应原则，另一方面实行建设、出租和运营管理的全过程监督。发展市场化长租房则主要依托市场化手段和行业监管的模式。二是在大力发展保障性租赁住房的同时，加强对市场化租赁住房供应和运营主体的支持力度，通过相关政策鼓励和支持专业化、规模化住房租赁企业成为市场化长租房主力，提高机构化长租房占比。将有助于扩大租赁住房供给，满足不同类型人群的多元化租房需求。

三、推动长租房体系发展的政策建议

（一）基本原则

按照问题导向和目标导向相结合的原则，科学把握长租房发展重点，以政策扶持为支撑，以市场化运作为手段，因地制宜、因城施策，充分调动城市政府、金融机构、住房租赁企业的积极性，加快形成房源供应充足、租赁关系稳定、租金水平合理、市场秩序规范的长租房市场体系。

坚持突出重点。重点在人口流入多、房价高的大城市发展长租房市场，支持以新建和改建方式增加长租房供应，着力解决大城市新市民和青年人等群体住房问题。

坚持因城施策。落实城市人民政府主体责任，因地制宜确定长租房发展目标，探索长租房供应渠道和方式，构建多元化、多层次的长租房供应体系，满足新市民和青年人"一张床""一间房""一套房"的多样化租赁需求。

坚持政策扶持。加大土地、财税、金融等政策支持力度，加快出台促进和规范长租房市场发债的具体政策措施，形成政策合力。

坚持市场化运作。探索长租房发展的可持续商业模式，发挥国有和民营企业功能作用，吸引各类社会资本进入长租房市场。

（二）发展目标

在保障性长租房供给方面，不断完善保障性租赁住房供应机制，由政府主导或引导多主体投资、多渠道供给，坚持"小户型，低租金，短通勤"的供给理念，保障新市民、青年人的基本居住需求。积极探索建立市场租赁机构、功能性国企、非营利机构等社会化力量参与保障性租赁住房建设和运营管理的体制机制，形成各方共同参与的局面，提高保障性租赁住房供给效率。

在市场化长租房供给方面，坚持市场化运作，进一步完善对住房租赁机构的支持政策，引导企业摸索出可持续的长租房盈利模式。在规范市场有序竞争、保障承租双方权益的同时，注重发挥政策的扶持、导向、带动作用，综合运用土地、财税、金融等优惠政策，调动各方积极性和主动性，引导企业进入长租房市场。

（三）加强租赁需求端引导

1. 加强承租方权益保护

我国在租赁住房中关于承租人的法律法规还不够完善，因此在法律层面上完善承租人的法律权益保护，才能构建长租公寓健康发展的长效机制。应依法维护出租人和承租人的合法权益，促进形成稳定的住房租赁关系。例如，在住房租赁合同期限内，除法律规定和合同约定的情形外，住房租赁企业不得采取暴力、威胁或者其他非法方式，迫使承租人腾退租赁住房；合同期内不得单方面解除租赁合同，不得单方面提高租金等；加强租金押金监管，切实保障资金安全。

2. 保障公共服务待遇

一方面应切实扩大公共服务供给。公共服务的供给要逐渐适应租赁人口的数量结构和空间布局。通过优化基本公共服务设施建设标准和规划布局，分类考虑长租房带来的差异化服务需求，新建地区应充分供给公共服务资源，存量地区应逐步挖潜，努力扩大资源保障能力。

另一方面强化长租房政策配套机制，支持为租赁人群提供基本公共服务，保障公共服务待遇，按规定享有落户、就业、教育、公共卫生、社会保障、法律援助等国家规定的基本公共服务。逐步将公共服务与房产所有权松绑，使租、购住房在享受公共服务上具有同等权利，使更多人享有更高品质的城市生活。参考北京、成都、深圳等地推行的"多校划片"、教师轮岗模式，打破附加在房屋产权上的教育资源的优先权，促进教育资源的均衡化，同时也有利于平衡生源分布，促进租户共享更加优质的资源。

（四）增加租赁住房有效供给

1. 以需求为导向，形成多层次租赁住房供应体系

发挥规划引领作用，将发展长租房纳入住房发展规划，注重产业、人口、用地和住房的互相适应及匹配，根据产业发展、人口流入等情况，合理确定长租房供应规模、用地需求、空间布局和户型结构，构建与住房租赁需求相匹配的长租房供应体系。借鉴北京集体土地租赁房项目、上海张江乡村人才公寓等试点城市经验，通过新建、改建、盘活存量等多种渠道，在城市中心或副中心服务业聚集区、高校科技研发聚集区、各产业板块高端制造业聚集区等就业聚集地区，提供从"一张床""一间房"到"一套房"的多层次租赁住房。

2. 发挥社会力量，破局租赁住房供给困境

支持重点企事业单位、产业园区自建租赁住房，并纳入城市公租房建设规划制度。在职住不平衡问题较为严重的区域，允许在企业、园区的新建或改建项目中，按照一定比例统一规划、配套建设单位租赁住房，并把单位租赁住房建设纳入城市统一公共租赁住房建设规划之中，其后的运营管理也受政府监管。对于高校、产业园区、大型国企等租房需求较多的企业，地方政府可统筹考虑有土地或资金条件建设租赁住房的园区及企业，协助对接专业化建设企业，建立租赁房源的统一运营管理。

鼓励开发商提供长租房。借鉴美国包容性区划、纽约80/20计划等经验，在租赁住房供不应求且租金较高的区域，可基于自愿和给予合理补偿的开发规制形式，通过给予容积率补偿、增加建筑密度、建设高度奖励、税收减免等奖励政策，要求享受到优惠政策的房地产开发企业必须在项目建成后的20～30年内，将一定比例（比如25%）以上的租赁住房以低于市场租金的标准售租给中低收入家庭。

探索住房合作社模式建设长期租赁住房。充分发挥我国国企或协会的管理协调能力，借鉴德国等国家的合作社经验，研究探索住房合作社模式，建设供应长期租赁住房，向中低收入无房家庭提供居住环境和住宅质量良好的租赁住房。通过协调组织运营管理能力较强、信誉较好的国企或协会对土地进行住宅策划，并募集入居者，寻找合适的建造商来建造住宅。同时，政府可给予一定的税收减免、长期低息贷款、建设费补助、较低的土地费用等优惠政策。合作社住房由社员出资共同建造，产权归集体所有，中低收入的无房家庭可申请入住。社员与合作社签订永久租赁合同，按时支付租金并遵守合作社的入住规则，享有租住权保障。此外，社员还可通过永久租赁权转让或赠予他人；申请退租，取回入会时缴纳的股份费；置换"股份"到其他合作社等方式退出。

3. 减轻住房租赁企业税费负担

降低住房租赁企业税负。住房租赁企业向个人出租住房，可适用简易计税缴纳增值税，征收率由5%减按1.5%征收，房产税由12%减按4%征收。企事业单位、社会团体以及其他组织向住房租赁企业出租住房，房产税减按4%征收，经批准的"工改租""商改租"比照执行。个人向住房租赁企业出租住房，相关税收采取综合征收，征收率不高于2%。

减免建设和运营费率。新建长租房项目减半收取市政基础设施配套费和政府性基金，用地红线范围内市政基础设施配套费由相关运营单位承担。经批准利用非居住存量土地建设长租房，或者将存量非居住房屋改建、改造为长租房的，用水、用电、用气、用热价格执行居民生活类标准。借鉴日本经验，对于建设特别优良租赁住房的企业，政府可根据不同的建设方式、供应对象分层次地给予建设费补贴和经营补助。

提供具有吸引力的财税支持政策。借鉴国外经验，对提供公共住房的机构提供更有吸引力的税费减免、财政补助政策。对增值税、所得税等税费进行减免，提供一定

比例的建设费补助、年度经营补贴等激励措施，提高保障性住房开发利润空间，鼓励社会化力量参与建设。以日本为例，政府对地方公社在设立时取得的不动产出资和在转让住宅时取得的建设省令规定以内的溢价，免征不动产流转税和所得税。对于建设特别优良租赁住房的企业，政府根据不同的建设方式、供应对象分层次地给予建设费补贴和经营补助。

（五）长租房用地的相关政策建议

1. 总体要求

单列土地供应计划。调整住宅用地分类，增设租赁住房用地类型。人口净流入的大城市的年度建设用地供应计划中，租赁住房用地规模不低于住宅用地的 10%，长租房用地指标可单列。长租房用地应主要安排在产业园区和城市轨道交通沿线地区，减少承租人通勤时间，促进职住平衡。

优化国有建设用地供应方式。根据长租房项目的预期逐渐收益，合理确定用地价格，可允许分期支付土地价款。允许将产业园区配套建设行政办公及生活服务设施用地面积比例上限由 7% 提高到 15%，提高部分主要用于建设长租房。

鼓励利用集体建设用地建设长租房。利用集体建设用地建设长租房的，土地不计入城市建设用地指标。引导集体建设用地通过招拍挂方式供应长租房建设用地，并且免收土地增值收益调节金。支持集体经济组织以联营、入股、委托等方式，与住房租赁企业合作建设运营长租房。

积极盘活存量闲置用地。老旧小区、城中村、旧厂房改造后形成的土地用于长租房建设的，适当给予容积率奖励。建立联合审批通道，加快办理企事业单位利用自有闲置土地建设长租房相关的用地和规划手续，不补缴土地价款。不改变土地利用主导功能的，可不调整土地用途。

2. 租赁住房用地方面

租赁住房用地目前存在着融资难、政策缺乏、区位偏远、开工缓慢等问题。应从创新金融产品和出让方式，推进租赁住房用地制度建设，促进职住平衡，构建多层次租赁产品体系，督促开工建设等角度完善租赁住房用地供应机制，推动住房租赁市场健康发展。

（1）优化租赁住房用地区位分布，促进职住平衡

租赁住房在各类城市产业经济升级的过程中更多承担着解决各类人才居住配套的作用，因此租赁住房用地的区位和规模应符合城市产业布局和发展需求，以促进金融、科技、先进制造类企业的引入和落地。应在高校及科研院所周边、科创园区、产业集聚区、商业商务集聚区，以及交通枢纽地区等交通便捷、生产生活便利、租住需求集中区域，进一步加大租赁房源新建转化筹措力度。应充分考虑租赁住房用地周边的轨交、教育资源等公共配套情况，以促进未来承租者的职住平衡。

（2）倡导租赁住房用地受让主体多元化

目前，在租赁住房用地受让主体中，国企占比较高，但非国有住房租赁企业与国有企业相比存在以下优势：第一，在住房租赁行业起步较早，专业化程度较高，在租赁住房运营方面有较为丰富的经验，往往采用线上和线下相结合的方式，将互联网渠道及运营方式等带入住房租赁行业，带动整个行业效率和客户体验的提升；第二，注重成本控制和标准化经营，据贝壳研究院报告，市场上集中式长租公寓的租金成本占其总成本的55%左右，而且包租合同一般仅为5到10年，较高的收房成本和较短的包租期限，令租赁经营者不得不在缩减运营成本方面下功夫；第三，相较于国有住房租赁企业，非国有住房租赁企业的数量更多，较多的市场参与者会带来较为激烈的竞争，令其在运营模式和服务形式上不断创新，从而促进整个住房租赁行业的良性发展。可在合适的政策引导下，适当鼓励租赁住房用地受让主体多元化。

（3）构建多层次租赁产品体系，平衡各类型租赁房源

建议提供多元化租赁产品。加强税收优惠、贷款贴息、土地出让金优惠等政策扶持，打造多层次、多元化的住房租赁市场体系，促进住房租赁梯度消费。精细化供应房源，在人均使用面积和居住人数符合国家相关规范的前提下，通过公租房拆套使用等，加强宿舍型房源筹集方式，增加"一间房""一张床"等形式的租赁住房供给。鼓励各企事业单位、产业园区利用自有用地，统一规划、集中设置，配套建设单位租赁房、职工宿舍等，并给予相关政策支持。

3. 利用集体建设用地建设租赁住房方面

利用集体建设用地建设租赁住房试点工作存在操作层面的规章制度缺失、项目及周边规划待优化、租赁住房建筑设计标准待制定、资金融资渠道较少、税费减免支持不足、利益平衡因素复杂等问题。对此，下一步工作建议从完善顶层制度设计、优化项目统筹、规范项目开发运营方式等方面进一步完善。

（1）完善顶层制度设计

制定操作细则。制定利用集体建设用地建设租赁住房相关细则，包括集体经济组织成员的资格确定、生效表决的证明、集体建设用地使用权抵押等操作细则。以集体建设用地抵押为例，可参考上海松江区"1+5"配套文件《上海市松江区农村集体经营性建设用地使用权抵押贷款试行管理办法》的规定，予以细化。

跟踪试点进展。住房和城乡建设部可以从进一步推进试点工作的角度，借鉴法院系统的审判工作请示制度，鼓励试点城市将工作过程中遇到且难以把握的新概念、新问题呈报住房和城乡建设部进行请示，由有关部门组织研究、给予答复，提供解释性意见。同时，可以将具有借鉴意义的答复文件抄送有关试点城市的政府部门。

推广试点经验。住房和城乡建设部可以从推广试点经验的角度，借鉴最高人民法院指导案例制度，形成试点经验推广机制。例如，梳理总结北京、上海等城市相对成

熟的试点经验后，定期发布试点典型项目案例，为其他城市的试点工作提供指导性建议或思路。

（2）优化项目统筹

坚持集体建设用地规划先行。应结合供需等因素，充分考虑对项目发展可持续性的影响，依托产业园区、工业园区、轨道公共交通等关键节点，在城市总体规划、土地利用总体规划、村镇规划内做好用地供应规划，确保供需平衡。

找准项目定位。建议由政府出面进行协调，在项目合作协议、项目运营协议或项目监管协议中明确价格、服务、运营管理等具体标准，考虑新市民的实际情况。

多元化完善服务配套路径。应进一步明确集体土地租赁住房项目的公共服务配套资源统筹方式。针对周边公共服务资源较为丰富的项目，需要重视虽有资源但不配套的问题，确保承租人能够享受相应资源；针对周边公共服务资源较为匮乏的项目，可以通过政、村、企等多方合作的方式，共同完善配套。

（3）规范项目开发运营方式

为了项目的可持续性，集体土地租赁住房项目的开发运营应综合平衡国家、集体、个人、开发（运营）单位、承租人等各方利益。

一是基本要求。应坚持以集体资产不流失为基本原则，确保集体建设用地的开发利用经过农村集体的科学、民主决策。二是开发主体的确定。开发主体的选择应结合项目条件、因地制宜，或者采用某一主体主导的开发方式，或者采用主体与主体合作的开发方式，确保所采取的开发方式符合国家、集体、个人和企业的需求。三是运营主体的选择。应鼓励引入运营经验丰富的专业化机构，由专业化机构负责项目的日常管理。借助机构的长远发展视野和丰富运营经验，提高租赁业务和物业管理的标准化和专业化水平，促进项目良性发展。

（4）形成兼顾国家、集体、个人和企业利益的分配机制

继续征收增值收益调节金。如果是利用入市的集体建设用地建设租赁住房的，应继续按照《关于农村土地征收、集体经营性建设用地入市、宅基地制度改革试点工作的意见》的精神，在土地入市、再转让环节收取土地增值收益调节金，用以平衡保障不同区域的农民公平分享土地增值收益。

构建项目收益的合理分配制度。为了同时确保集体经济组织成员收益以及项目运营的可持续，项目（含土地和配套设施）产生的租金等各类收益不宜完全作为分红直接进行分配，而应先归集体所有，用于本集体经济组织的投资发展和改善本集体经济组织成员的基本生活。集体经济组织成员则可以在集体经济组织的再投资收益中，取得合理分红。

（5）强化过程监管

民主监督机制。调动集体经济组织成员的主动性、积极性和责任心，根据《中华

人民共和国土地管理法》等法律法规的规定，在镇、村集体层面建立集体土地民主监督制度，对集体土地租赁住房项目经营、项目收益再投资和再分配等实施民主监督。

协议监管机制。政府应对集体建设用地的利用实施全生命周期、全流程监管。建议在发改、规土、建设、房管、财政等有关管理部门支持参与的情况下，由规土部门或房管部门作为牵头代表，同集体经济组织和开发（运营）单位签署一份监管协议，为政府部门依法监管提供依据。监管协议应能充分反映各有关管理部门的监管要求。

租金评价机制。一是建立租赁价格调节机制。考虑推进集体土地租赁住房项目的目标是增加租赁住房供应、缓解住房供需矛盾、提升集体经济活力等，该类租赁住房的租金定价不宜像公共租赁住房那样遵循"保本微利"的原则，而应形成尊重市场供求关系、通勤条件、区位竞争等因素的租赁价格市场调节机制，一房一价、科学评估、平等协商，实现租赁价格的动态调整。对于集体经济组织主导开发的租赁住房项目，可以借鉴上海松江区九亭镇的做法，采用市场与调控结合的定价方式。由集体经济组织综合制定"指导价"，通过"指导价"为项目的租金定价设置合理上限，形成同时兼顾本集体利益与承租人利益的良好局面。二是租赁价格的监测与信息发布。可以充分利用试点城市本地住房租赁公共服务平台的信息收集和发布功能，实现租赁价格信息的公开化、透明化，对集体土地租赁住房的租赁价格水平实施监测，并引入租赁价格的市场评价功能。

4.盘活存量土地方面

（1）引导与支持相结合，提高各主体参与积极性

引导与支持相结合，提高拥有存量土地的相关主体供应租赁住房的积极性。鼓励拥有较多存量土地和资产的企事业单位等拿出部分交通便捷、区位合理的存量用地，新建、改建、配建租赁住房，增加房源供应。同时，完善对国有企业等主体参与住房租赁考核和激励机制，将考核机制与租赁住房品质、出租率相结合，而不是仅仅停留在国有资产增值率上。加快保障性租赁住房建设导则的落地，建设标准对标公租房和共用产权房，而不是普通商品住房。

（2）优化政策扶持和金融创新

各部门加强协同，确保财政补贴和优惠政策落地实施。一是建立部门、市区、央地联动机制，对各项政策措施、银行贷款利率优惠、财政补贴机制进行通气、落实，疏通政策堵点，确保政策落地。二是进一步优化中央财政支持住房租赁市场发展试点资金分配使用，对市场化租赁住房中认定纳管的保障性租赁住房予以重点支持。三是鼓励和支持金融类国有企业创新业务模式，提升服务效率。同时，从法律建设、专业化培育等方面扶持和促进权益类 ABS、债权性质的 ABS 和 REITs 等住房租赁金融产品，特别是公募 REITs 的发展，实现金融产品与住房租赁的有效嫁接。

（3）适时搭建存量土地线上平台

呼应需求、创新方式，切实提升供需匹配度。把握"两大重点"，即重点区域、重点人群，丰富租赁住房的产品类型。地方政府积极搭建项目平台，完善优惠配套措施，强调优惠政策落地。建议地方政府、产业园区管委会适时建立公开透明的存量土地和物业交易平台，鼓励各企事业单位等将交通便利、有利于促进职住平衡的存量土地建设为租赁住房。对符合要求的企业减免房产税、城镇土地使用税和增值税、市政配套费。同时，以水电气为例，建议通过住房和城乡建设部层面与国家发展改革委、国家电网对接，各地方政府加强协调，明确商用水电气变更民用的操作途径。

（六）长租房融资的相关对策及建议

1. 提供长期低息融资支持

加大信贷支持力度。鼓励商业银行为长租房建设和运营提供期限匹配、利率适当、风险可控、商业可持续的信贷产品和服务。商业银行向已竣工项目发放长租房经营性贷款，期限不超过20年，并可用于置换前期建设贷款。鼓励商业银行根据住房租赁企业的资信和经营情况发放信用贷款。长租房项目贷款不列入银行业金融机构房地产贷款集中度管理。借鉴德国、英国等国家的经验，对公共住房机构等非营利机构参与保障性租赁住房的，提供更加符合运营发展需求的长期低息融资支持，贷款期限在30到40年。

鼓励发行长租房债券。支持住房租赁企业在公开市场发行债务融资工具、公司债券、企业债券等债券类产品，在业务合规、风险可控的前提下，发行资产证券化产品，募集资金专项用于长租房建设和经营。支持住房租赁企业将持有运营的租赁住房抵押作为信用增进，发行住房租赁担保证券。

引导社会资本投资长租房。鼓励社保基金、保险资金、企业年金、职业年金等各类中长期社会资本采取多种方式投资长租房。允许住房公积金增值收益投资长租房项目。城市人民政府可设立长租房产业发展基金，发挥财政资金的引导、带动和放大作用，吸引各类社会资本投入。可以参考英国非营利性住房金融公司的经验，通过发行债券或贷款的方式从私人资本市场获取较低成本的资金，然后以同样的利率和期限转贷给社会住房供应者，更好地吸引私人资本进入社会住房建设和管理环节。

积极推进长租房公募REITs试点。不动产投资信托基金是面向社会公众发行的权益性融资工具，可以把短期零散小额的储蓄转换成长期集中大额的资本，与发展长租房的资金需求高度匹配。按照税收中性原则，明确长租房公募REITs税收优惠政策。简化长租房公募REITs产品结构，降低发行和运营成本，加强投资者权益保护。

2. 提高监管工作精细化，科学平衡防风险和促发展的关系

进一步提高监管工作精细化，适当放宽信誉好、风控运营能力较强企业的资金监管力度。在加强住房租赁交易资金监管中，要严格资金收付要求，住房租赁经营机构收取承租人的押金，只能用于支付收储房源的应付押金。统一监管租金和押金，可有

效解决和缓解当前租金和押金转移和跑路风险，但是，住房租赁行业具有前期投入资本高、收益率低、回报期长等特点，过于严格的资金监管在一定程度上会不利于企业规模化发展，不利于市场化租赁住房的有效供给。建议进一步提高监管工作精细化，以督促租赁住房企业加强自身风控和运营能力为核心目标，在一定条件下，适当降低信誉好、风控运营能力较强企业的资金监管比例。根据住房租赁运营企业的企业实力、运营模式、实际经营情况等信息，实施资金监管评级制度，采取不同的监管措施。科学平衡防风险和促发展的关系，在防范住房租赁市场过度金融化的同时，继续规范发展规模化、专业化的住房租赁机构。

（七）加强长租房市场监管监测相关政策建议

1. 规范准入退出及监管服务机制

（1）完善租赁住房和租赁企业的准入标准。

针对当前我国市场化租赁房源以私人房源为主（85%以上）的格局，为保障租赁住房的质量和安全性等，应明确设置租赁住房的市场准入条件，即符合相关国家标准中关于建筑、结构、消防、装修等方面的要求并具备必要的生活条件。明确住房租赁企业的准入条件，提供的信息管理、租赁服务、房屋维护等运营管理应当达到一定的要求。

（2）建立健全差别化的租赁住房退出机制。

针对公租房、保障性租赁住房和市场化租赁住房，由于目标对象、享受政策扶持和权利设置不同，应制定差别化的退出机制。我国公租房的退出机制相对完善，但由于事后监管难度较大，个别地方存在骗租现象，应加大监管力度、着力顺畅退出机制。对保障性租赁住房，要加强研究，明确退出范围，规范退出程序，加强日常监管。市场化租赁住房主要依靠住房租赁行业规范、合同约定来规范退租行为。

（3）完善住房租赁管理服务制度和监管平台。

对住房租赁企业资本充足率、负债率、空置率、应收账款回收周期等关键指标进行定期监测，各地应建立房屋管理、发展改革、公安、市场监管、金融监管等部门协同联动监管机制。由地方政府定期监测并发布住房租赁指导价格，引导调节市场租金价格，稳定租金涨幅。推动各地建立健全住房租赁管理服务平台，提供机构备案、房源核验、信息发布、网签备案、租金监测等基本服务功能。完善房屋信息基础数据库，纳入房屋管理基础平台和房地产市场监测系统。依托平台对住房租赁经营活动实施全过程监管，为租赁当事人提供一站式服务。

建立信用评价制度。加强住房租赁行业信用评价，实施分级分类监管。建立住房租赁企业信用评价制度，通过租赁管理服务平台定期发布租赁企业信用情况，接受社会监督，对严重失信住房租赁企业实施联合惩戒。

2. 规范租赁市场资金监管，促进市场健康发展

规范住房租赁企业"租金贷"，避免金融风险。规范和引导长租房企业依法、合规

经营发展，做到风险可控、商业模式可持续，保障房东的原始租赁权；规范住房租赁市场的租房消费贷款，保障租房贷款资金用途合规，确保消费者享有充分的知情权、选择权，严格保护消费者的合法权益。针对部分住房租赁企业违规使用房租贷为了融资而获取房源，其目的和行为已偏离发展住房租赁市场的初衷，且隐藏一定金融风险。建议尽快完善对代理经租行业的事中事后监管，一方面可研究建立适当的长租房企业开展"租金贷"业务的准入条件，并要求企业建立和完善内部管理制度，加强内部风险控制；另一方面由政府相关部门或协会牵头建立长租房企业租金贷款信息平台，便于了解和监测长租公寓企业的贷款信息和风险情况。

开设押金监管账户，保障押金安全。住房租赁企业凭借其高效的管理、周到的服务、线下精彩的活动吸引越来越多的租赁人群入住。由于租赁企业众多，租赁人群将十分庞大，与之相关的租赁住房押金规模将十分巨大，为了保障押金安全，维护承租人的合法权益，可规定在现有存量房交易资金监管账户下开设住房租赁押金监管子账户，分账核算专款专用，避免随意克扣押金的行为，维护租赁双方的合法权益。

作为一个专业研究机构，我们一直高度关注住房租赁市场的发展。近年来，围绕住房租赁市场体系、国际经验、租赁市场主体和客体、市场监测监管、政策法规及治理框架、住房租赁企业融资等方面，我们开展了一系列研究。这些研究既梳理了现状与问题，也展开了前瞻性讨论，既有聚焦上海的，也有放眼全国乃至全球重点城市的，所呈现的成果既有报告类型的文本，也有住房租赁指数类型的图表。

"凡是过往，皆为序章。"我们希望能将前期研究成果进行总结和提炼，为促进我国住房租赁市场的平稳健康发展贡献绵薄之力；同时也想以此为媒介，为推动同行的讨论交流"抛砖引玉"。

从开始酝酿到正式完稿，历经三年有余。这三年我们经历了一些特殊情况，也见证了住房租赁市场的快速发展以及保障性租赁住房政策的出台与实施，这些新情况新形势都要求我们对书稿的内容以及结构做动态调整。

我们秉着严肃认真的治学态度，在初稿形成后，编写小组多次召开内部交流会，采取交叉审读的方式，逐步提高文稿质量，反复修改完善，形成书稿。在这个过程中，主管部门相关领导以及相关专家对书稿内容提出了众多宝贵意见，在此对得到的支持和鼓励一并表示感谢！

本书各章的撰写分工如下：

章	内容	编写人员
总体框架		严荣
第一章	住房租赁体系的理论与制度基础	王萍　戚丹璎
第二章	主要国家建设住房租赁体系经验及发展趋势	吴佳
第三章	我国住房租赁市场发展历程	黄程栋
第四章	住房租赁需求	汤婷婷　魏小群
第五章	租赁住房供给	刘端怡
第六章	租赁住房土地	周清雅

续表

章	内容	编写人员
第七章	住房租赁融资	魏小群
第八章	住房租赁监管	张韵
第九章	我国住房租赁体系发展面临的挑战与形势	江莉　吴佳　汤婷婷
第十章	我国住房租赁体系的发展重点	江莉　魏小群　刘端怡　周清雅

由于能力有限，本书还有诸多不足之处，恳请各位读者不吝赐教，以便不断提高。

本书编委会

2023 年 11 月

1. 易磬培 . 中国住房租赁制度改革研究 [D]. 广州：华南理工大学，2018.

2. 郑思齐，刘洪玉 . 从住房自有化率剖析住房消费的两种方式 [J]. 经济与管理研究，2004（4）.

3. 张翔，李伦一，柴程森，等 . 住房增加幸福：是投资属性还是居住属性 [J]. 金融研究，2015（10）.

4. STEGMAN，MICHAELA. The Housing Market Cannot Fully Recover Without a Robust Rental Policy[J]. Boston College Journal of Law & Social Justice，2017（44）.

5. 马文静 . "解释论"语境下的居住权适用：兼评《民法典》物权编第十四章 [J]. 新疆财经大学学报，2021（1）.

6. 孙小艺 . 我国住房租赁法律制度改革研究 [J]. 法制与社会，2021（9）：133-134.

7. 王仁芳 . 城市居民住房租买选择的影响因素研究 [D]. 南京：南京工业大学，2016.

8. 廖丹 . 作为基本权利的居住权法制保障体系 [J]. 南京工业大学学报，2015（4）.

9. 李进涛，谭术魁，汪文雄 . 国外住房可支付能力研究概要 [J]. 城市问题，2009（5）.

10. HANCOCK K. Can pay，Won't pay，or economic-principles of affordability[J]. Urban Studies，1993.

11. STONE ME. What Is Housing Affordability? The Case for the Residual Income Approach[J]. Housing Policy Debate，2006.

12. 张慧 . 我国城镇居民住房支付能力的评价 [D]. 北京：北京工业大学，2012.

13. 赵元恒 . 我国城镇居民住房可支付性评价与调控政策研究 [D]. 济南：山东建筑大学，2019.

14. 李建沂 . 附属住宅单元（ADUs）：解决美国出租房可支付性危机的新机遇 [J]. 中国建设信息，2015（15）.

15. 周荔薇 . 我国城镇居民的住房负担能力研究 [D]. 武汉：华中师范大学，2013.

16. 史先刚 . 城市综合开发视角下的新城可持续发展规划评价研究 [D]. 重庆：重庆大学，2019.

17. 郭玉坤 . 可持续发展与可负担住房关系研究 [J]. 商业研究，2012（5）.

18. 朱骁 . 桐乡市房地产市场可持续发展研究 [D]. 浙江工业大学，2014.

19. 文心工作室．老子 [M].北京：中央编译出版社，2023.

20. 班固．汉书·货殖列传 [M].北京：中华书局，2007.

21. 孟子．孟子·滕文公上 [M].西安：陕西师范大学出版总社，2019.

22. 鄂尔泰，等．八旗通志 [M].北京：国家图书馆出版社，2013.

23. MORGAN J. & TALBOT R. Sustainable Social Housing for No Extra Cost? [C]. // Williams K，BURTON E. & JENKS M.，eds Achie-ving Sustainable Urban Form. London and New York：Spon Press，2001.

24. 杨振，韩磊．城乡统一建设用地市场构建：制度困境与变革策略 [J].学习与实践，2020（7）.

25. 肖文晓．租赁狂风冲击城乡二元户籍制 [J].城市开发，2017（9）.

26. 严荣．住房租赁体系：价值要素与"三元困境"[J].华东师范大学学报，2020（3）.

27. 金逸民．迎接世界城市化挑战 实现人居可持续发展：联合国第二届人类住区大会综述 [J].中国人口·资源与环境，1996（3）.

28. 中共中央马克思恩格斯列宁斯大林著作编译局．马克思恩格斯选集：第 3 卷 [M].北京：人民出版社，2012.

29. 严荣，蔡鹏．新市民的住房问题及其解决路径 [J].同济大学学报，2020（1）.

30. 殷昊．规范发展租赁市场构建稳定租赁关系：对《北京市住房租赁条例》的评价 [J].上海房地，2022.

31. 约翰·克拉潘．现代英国经济史中卷 [M].姚曾廙，译．北京：商务印书馆，1975.

32. 吴铁稳，张亚东．19 世纪中叶至一战前夕伦敦工人的住房状况 [J].湖南科技大学学报（社会科学版），2007（3）.

33. 斯塔夫里可诺斯．全球通史 [M].吴象婴，等，译．北京：北京大学出版社，2004.

34. CHAMBERS J W. The Tyranny of Change：America in the Progressive Era：1890—1920[M]. Rutgers University Press，2000.

35. SCHNEIDER J C. Homeless Men and Housing Policy in Urban America：1850—1920[J].Urban Studies，1989.

36. ROBERT H B. From the Depths：The Discovery of Poverty in the United Statesby [J]. Wisconsin Magazine of History，1956.

37. 朱亚鹏．美国"进步时代"的住房问题及其启示 [J].公共行政评论，2009.

38. 王琼颖．魏玛共和国社会福利住房政策的演变：1918—1931[J].历史教学问题，2018.

39. ZAVISCA JANE. Property without Markets：Housing Policy and Politics in Post-Soviet Russia，1992—2007[J]. Comparative European Politics，2008.

40. LOWE S. The Housing Debate[M].Bristol：The Policy Press，2011.

41. DANIELL JENNIFER，STRUYK，RAYMOND. The Evolving Housing Market in Moscow：Indicators of Housing Reform[J]. Urban Studies，1997.

42. 张贯一，易仁川 . 东欧国家住房体制的变迁 [J]. 东欧中亚研究，1997.

43. 聂晨 . 比较视野下中东欧转型国家住房政策移植失灵的表现、成因和启示 [J]. 东北师大学报（哲学社会科学版），2020.

44. PCCHLER-MILANVOVICH N. Urban housing markets in central and eastern Europe：convergence，divergence or policy collapse[J]. International Journal of Housing Policy，2001.

45. 王英 . 印度城市居住贫困及其贫民窟治理：以孟买为例 [J]. 国际城市规划，2012.

46. 吉野直行，马蒂亚斯·赫布尔 . 亚洲新兴经济体的住房挑战、政策选择与解决方案 [M]. 严荣，译 . 北京：社会科学文献出版社，2017.

47. 包振宇 . 印度的租金管制政策 [J]. 上海房地，2012.

48. 陈杰 . 公共住房的未来：东西方的现状与趋势 [M]. 北京：中信出版社，2015.

49. 吴佳，何树全 . 社会政策视角下的新加坡住房体系：兼论住房问题的社会属性 [J]. 科学发展，2020.

50. 余南平 . 世界住房模式比较研究：以欧美亚为例 [M]. 上海：上海人民出版社，2011.

51. 北京大学光华管理学院 . 中国租赁住房 REITs 市场发展研究 [R]. 北京：北京大学，2017.

52. 孙杰，赵毅，王融 . 美国、德国住房租赁市场研究及对中国的启示 [J]. 开发性金融研究，2017.

53. 崔霁 . 全球及美国 REITs 发展经验及对我国的借鉴启示 [EB/OL]. https：//mp.weixin.qq.com/s/yxvqwzxrM8yS1-TQ7EfBnQ，2023-04-04/2023-04-07.

54. 赵津 . 中国城市房地产业史论（1840—1949）[M]. 天津：南开大学出版社，1994.

55. 王慰祖 . 上海市房租之研究 [G]// 萧铮 . 民国二十年代中国大陆问题资料 . 台北：成文出版社，1977.

56. 上海市政协文史资料委员会 . 上海文史资料选辑：第 64 辑 [M]. 上海：上海人民出版社，1990.

57. 陶孟和 . 北平生活费之分析 [M]. 上海：商务印书馆，2012.

58. 严荣 . 关于上海住房租赁规制史中一段史料的讨论 [J]. 上海房地，2022.

59. 王微，等 . 房地产市场平稳健康发展的基础性制度与长效机制研究 [M]. 北京：中国发展出版社，2018.

60. 于思远，等 . 房地产住房改革运作全书 [M]. 北京：中国建材工业出版社，1998.

61. 侯淅珉，应红，张亚平 . 为有广厦千万间——中国城镇住房制度的重大突破 [M]. 桂林：广西师范大学出版社，1999.

62. 文林峰 . 中国住房保障发展现状 [M]// 满燕云，等 . 中国低入收住房：现状及政策设计 . 上海：商务印书馆，2011.

63. 黄程栋 . "集市"与"超市"：租赁住房的攻击形态 [J]. 上海房地，2019.

64. 黄程栋 . 疫情冲击下长租公寓发展的再审视 [J]. 上海房地，2020.

65. 丁祖昱.中国城市化进程中住房市场发展研究[M].北京：企业管理出版社，2014.

66. 郑思齐.住房需求的微观经济分析：理论与实证[M].北京：中国建筑工业出版社，2007.

67. 高晓路.北京市居民住房需求结构分析[J].地理学报，2008.

68. 钟庭军.论住房需求类型以及政策执行成本[J].住宅与房地产（综合版），2013.

69. 宋思涵.上海市住宅供给与需求研究[D].上海：同济大学，2008.

70. 王立军，白纪年，李鹏.住房租赁市场发展研究[J].西部金融，2019.

71. 况澜，郝勤芳，梁平，等.我国住房租赁市场需求及发展趋势研究[J].开发性金融研究，2018.

72. 解海，靳玉超，洪涛.供求结构适配视角下中国住房供应体系研究[J].学术交流，2013.

73. 王瑞民，邓郁松，牛三元.我国住房租赁群体规模、特征与变化趋势[J].住区，2021.

74. 罗忆宁.住房租赁经营模式分类方法研究[J].建筑经济，2020.

75. 邹晓燕.中国城市住房租赁体制研究[M].北京：经济管理出版社，2016.

76. 常鹏翱.走向住房租赁新市场的长租房及其司法保障[J].学海，2022.

77. 赵鑫明.加快发展长租房市场需注意处理好四个关系[EB/OL]. https：//mp.weixin.qq.com/s/owDqq87kQ_t0f4IavA6FGw.